図解 環境バイオテクノロジー入門

軽部征夫【編著】

Environmental Biotechnology

日刊工業新聞社

はじめに

　世界の至る所で生活環境の悪化が問題になっています。例えば、大気中の二酸化炭素の増加に伴う諸問題が挙げられています。これはいろいろな形で気候などの変動に影響を与えていると言われています。この問題を議論する政府間パネルが開催されていますが、先進国と発展途上国の利害関係がそれぞれ異なり、国際協調が取れるまでには至っていないのが現状です。膨大なエネルギーの消費によって放出される二酸化炭素を植物が吸収しきれない状態にあり、これに砂漠化、熱帯雨林の消失、酸性雨による森林の荒廃などが追い討ちをかけています。長期的に見れば省エネルギーと二酸化炭素を放出しない新エネルギーへの転換を行わなければならないでしょう。

　新エネルギーの一つに、バイオマスのエネルギー化があります。地球上に存在するバイオマスのうち、食糧として利用しないものをバイオテクノロジーを応用してエネルギーにすることができるのです。また、砂漠の緑化や熱帯雨林の再生にも植物バイオテクノロジーが役に立つことになります。

　一方、環境に負荷を与える物質が産業の進展によって大量に生産されています。これらを環境に負荷を与えない物質に変換することが要請されています。このプロセスにもバイオテクノロジーが極めて重要な役割を果たすことになります。環境負荷物質を生物の機能を利用して安全なものに変換したり、除去することができます。また、生物の機能を利用して環境に負荷を与えない物質を生産するのも一つの方法です。

　さらに、生物の機能は省エネルギーで、省資源のプロセスです。現在の産業プロセスは高温・高圧で膨大なエネルギーを要します。これは生産効率を高めるためであり、これによって大量生産と低コスト化を実現しています。しかし、地球環境問題を考慮するとこうした考え方を改めなければならないでしょう。生物は常温・常圧で必要な物質を全て作っています。このプロセスを模倣することによって二酸化炭素の放出量の少ないプロセスを実現することができ

はじめに

ると考えられます。もちろん、生物機能を応用するので環境に負荷を与える物質は生産されないと思われます。このような考えに基づく研究はまだ始まったばかりですが、将来重要になると思われます。

　人間活動によって放出される二酸化炭素を地球上の植物や藻類によって全て吸収することができれば、循環型の社会を実現することができるでしょう。

　本書は環境問題の解決におけるバイオテクノロジーの応用に焦点を合わせて、これをなるべくやさしく紹介しました。本書が環境問題やバイオテクノロジーの応用に興味をお持ちの方に参考になれば幸いと考えています。

2012年1月

軽部　征夫

● ● ● ● 目　　　次 ● ● ● ●

はじめに

執筆者・執筆分担

第1章　環境バイオテクノロジーとは
1.1　はじめに …………………………………………………………… 1
1.2　地球環境問題 ……………………………………………………… 2
1.3　地球温暖化 ………………………………………………………… 3
1.4　二酸化炭素の排出抑制技術 ……………………………………… 7
1.5　環境負荷物質の除去 ……………………………………………… 10
1.6　環境のモニタリング ……………………………………………… 12

第2章　バイオレメディエーション
2.1　バイオレメディエーションの特徴 ……………………………… 17
2.2　バイオレメディエーションの工法 ……………………………… 21
　　2.2.1　微生物の利用方法による分類 …………………………… 21
　　2.2.2　浄化の実施場所による分類 ……………………………… 24
　　2.2.3　土壌のバイオレメディエーションの工法 ……………… 25
2.3　有機塩素系化合物汚染のバイオレメディエーション ………… 28
　　2.3.1　揮発性有機塩素化合物（TCE、PCE） ………………… 29
　　2.3.2　ダイオキシン類 …………………………………………… 31
　　2.3.3　ポリ塩化ビフェニル（Polychlorinated Biphenyl：PCB）……… 34
　　2.3.4　農　薬 ……………………………………………………… 36
2.4　石油類・炭化水素汚染のバイオレメディエーション ………… 37
　　2.4.1　石油類による土壌汚染のバイオレメディエーション … 37
　　2.4.2　原油に汚染された海洋のバイオレメディエーション … 39
　　2.4.3　遺伝子組換え微生物によるバイオレメディエーション … 42

目次

2.5 重金属汚染のバイオレメディエーション ……………………… 43
2.6 植物を利用したバイオレメディエーション …………………… 48
　2.6.1 ファイトレメディエーションとは ……………………… 48
　2.6.2 ファイトレメディエーションの種類 …………………… 49
　2.6.3 ファイトレメディエーションの実際 …………………… 54
　2.6.4 遺伝子組換え植物によるファイトレメディエーション ………… 56
　2.6.5 遺伝子組換えによる環境モニタリング植物（センサー植物）の開発 … 59

第3章　水環境の保全

3.1 用水の生物処理技術 …………………………………………… 63
　3.1.1 緩速ろ過による用水処理 ……………………………… 63
　3.1.2 生物活性炭処理 ………………………………………… 66
3.2 廃水の生物処理技術 …………………………………………… 68
　3.2.1 活性汚泥法の発明 ……………………………………… 68
　3.2.2 活性汚泥を構成している生物 ………………………… 69
　3.2.3 活性汚泥法の様々な展開 ……………………………… 71
　3.2.4 硝化脱窒法 ……………………………………………… 73
　3.2.5 アナモックスプロセス ………………………………… 76
　3.2.6 生物脱リン法 …………………………………………… 77
　3.2.7 生物膜法 ………………………………………………… 79
　3.2.8 嫌気性処理法 …………………………………………… 82
　3.2.9 燃料電池を用いた廃水処理 …………………………… 85
3.3 公共用水域の直接浄化 ………………………………………… 86
　3.3.1 礫間接触酸化法 ………………………………………… 86
　3.3.2 湖沼生態系の制御技術 ………………………………… 87

第4章　大気環境の保全

4.1 大気環境とバイオテクノロジー ……………………………… 91

4.1.1　大気の構造 ································· 91
4.1.2　大気環境の汚染 ····························· 93
4.1.3　大気環境とバイオテクノロジー ··············· 94
4.2　大気汚染物質とにおいの原因物質 ···················· 94
4.2.1　大気汚染物質 ······························· 94
4.2.2　悪臭の原因物質とバイオ技術を用いた脱臭 ····· 96
4.3　地球温暖化とバイオによる CO_2 固定 ············· 98
4.3.1　地球温暖化とバイオ ························· 98
4.3.2　植林による CO_2 固定 ····················· 99
4.3.3　藻類による CO_2 固定 ····················· 101
4.3.4　海洋の生産性を高める CO_2 固定 ··········· 104
4.3.5　バイオによる CO_2 固定のまとめ（他の方法との比較）········ 106

第5章　放射性物質のバイオリムーバル

5.1　放射性物質 ·· 109
5.2　放射性物質による環境汚染 ·························· 111
5.3　放射性物質のファイトレメディエーション ············ 113
5.4　微生物還元を利用した放射性物質のバイオリムーバル ·· 114
5.5　微生物・生体高分子への吸着を利用した放射性物質のバイオリムーバル
　　　·· 116

第6章　バイオマス

6.1　バイオマスの賦存量 ································ 120
6.2　エネルギーとしてのバイオマス ······················ 122
6.2.1　エタノール ································· 122
6.2.2　メタン醗酵 ································· 123
6.2.3　F-T 合成（BTL）···························· 125
6.3　バイオマスから工業原料を作る ······················ 128

目次

  6.3.1 バイオマスプラスチック …………………………………… 128
  6.3.2 その他のバイオマス由来の工業原料 ……………………… 134
 6.4 バイオマス利用の新しい流れ ………………………………… 138
  6.4.1 ヤトロファ（ジャトロファ）………………………………… 138
  6.4.2 藻　類 ………………………………………………………… 139
  6.4.3 未利用資源の利用 …………………………………………… 141
  6.4.4 遺伝子組換えによるバイオマス植物の改良 ……………… 143

第7章　環境モニタリング

 7.1 計測対象となる環境負荷物質 ………………………………… 147
  7.1.1 気体・大気浮遊物質 ………………………………………… 149
  7.1.2 水溶性物質・懸濁物質 ……………………………………… 154
  7.1.3 環境負荷物質の計測 ………………………………………… 155
 7.2 測定対象物質のシグナル変換 ………………………………… 159
  7.2.1 酵素を用いる方法 …………………………………………… 159
  7.2.2 抗体を用いる方法 …………………………………………… 160
  7.2.3 微生物を用いる方法 ………………………………………… 163
 7.3 環境計測用センサー …………………………………………… 164
  7.3.1 農薬・殺虫剤センサー　〜酵素を用いる方法〜 ………… 164
  7.3.2 病原性微生物の検出　〜抗体を用いる方法〜 …………… 167
  7.3.3 BODセンサー　〜微生物を用いる方法〜 ………………… 169

第8章　循環型社会とゼロエミッション

 8.1 循環型社会とは ………………………………………………… 173
  8.1.1 公害の問題 …………………………………………………… 173
  8.1.2 資源の問題 …………………………………………………… 175
 8.2 バイオテクノロジーを応用したゼロエミッション ………… 178
索　引 …………………………………………………………………… 187

編　者

軽部　征夫（かるべ　いさお）
東京工科大学　学長、教授・工学博士
略歴：
東京工業大学大学院理工学研究科化学工学専攻　博士課程修了（工学博士）
アメリカイリノイ大学博士研究員
東京工業大学資源化学研究所教授
東京大学先端科学技術研究センター教授
東京大学国際産学共同研究センターセンター長
東京大学名誉教授
英国生物学会名誉フェロー
スウェーデンルント大学名誉博士
フランス政府教育功労章
ウクライナ科学アカデミー名誉会員
バイオセンサー国際賞
華東理工大学名誉教授
中国浙江大学海外名師
文部科学大臣賞（研究功績者）
東京都功労賞（発明研究功労）
発明協会発明賞
日本化学会学術賞
市村学術貢献賞

執筆者・執筆分担

第1章　環境バイオテクノロジーとは
軽部　征夫

執筆者・執筆分担●●●●

第2章　バイオレメディエーション
杉山　友康　　東京工科大学　応用生物学部　教授
多田　雄一　　東京工科大学　応用生物学部　教授

第3章　水環境の保全
浦瀬　太郎　　東京工科大学　応用生物学部　教授

第4章　大気環境の保全
斎木　博　　　東京工科大学　応用生物学部　教授
秋元　卓央　　東京工科大学　応用生物学部　准教授

第5章　放射性物質のバイオリムーバル
鈴木　義規　　東京工科大学　応用生物学部　助教

第6章　バイオマス
多田　雄一
斎木　博

第7章　環境モニタリング
佐々木　聰　　東京工科大学　応用生物学部　教授
秋元　卓央

第8章　循環型社会とゼロエミッション
軽部　征夫
後藤　正男　　東京工科大学　応用生物学部　教授

第1章
環境バイオテクノロジーとは

1.1 はじめに

　環境という言葉を広辞苑（岩波書店）で調べると「人間または生物を取りまき、それと相互作用を及ぼし合うものとして見た外界、自然的環境と社会的環境がある」と定義されています。本書で取り扱う環境は主に自然環境ですが、これに社会的環境が影響を及ぼすことになります。

　地球規模で環境を見ると、これは誕生以降著しく変動し、大気圏、水圏、地圏と呼ばれる環境を形成してきました。特に地球上に生命が誕生してから大きく変動し、この変動は今後とも続いていくでしょう。特に環境は人類の増加によって急速に悪化しています。すなわち、地球レベルで環境を考えなければならない時になっているのです。生物と環境の間の相互作用を扱う学問分野は生態学と呼ばれますが、いろいろな原因で生態系の維持が困難になるかも知れない危機が指摘されています。

　本書は地球規模で起こっている問題を明らかにして、この問題を解決するためにバイオテクノロジーがどのように役に立つのかを示すことを目的としています。

1.2 地球環境問題

　環境問題には問題の発生や被害が特に広域に及ぶものは地球全体で、国際的な枠組みでの対策が必要です。例えば筆者は中国の浙江大学の名師プログラムに招へいされて杭州に2週間滞在しました。中国のモータリゼーションの急速な進展はニュースなどで知っていましたが、日本のように厳しい排ガス規制がないようで大気汚染はひどいものでした。これらの大気汚染は偏西風に乗って日本にやって来て光化学スモッグを発生する問題を引き起こしています。杭州を走っている車の20%ぐらいは日本車（現地生産）のようでしたから日本の自動車会社にも責任の一端はあるかも知れません。日本では公害と言われた40年以上前の大気汚染は日本だけの問題でしたが、これが国際問題となっているのです。

　環境問題は発生源と原因が明らかにされれば、技術的に解決することも可能と思われますが、国際的環境問題は国境の壁があって因果関係や有効な対策が取れないという問題があります。問題に対する相手国との利害が一致しないことが多いので厄介です。環境問題を論じる政府間会議でも先進国と発展途上国との利害の対立が大きく、問題の解決は容易ではありません。人口増の問題や経済問題などと深く結び付いていますので、なおさら複雑です。

　筆者が21年前に書いた「地球環境にやさしいバイオ」（NTT出版、**図1.1**）で指摘した環境問題は現在も変わらず、問題解決のための議論がなされており、現状ではこれらの問題の解決が困難であることを示しています。

　今年（2011年夏）も北半球では異常に高い気温が続いています。日本もさることながら筆者が滞在した中国浙江省の杭州は連日37℃の猛暑が続いていました。世界の平均気温は着実に高くなっているように見えました。この結果、中国の南部では旱魃による稲の枯死がニュースで伝えられていました。二酸化炭素をはじめとする温室効果ガスの削減は20年前から議論されています

図 1.1　地球環境にやさしいバイオ

が、既に述べた問題から進展していないのが現状です。これらの問題を以下に具体的に述べますが、技術的には容易に解決できない問題も多くあります。

1.3　地球温暖化

　地球表面や海洋の平均温度は変動しながらも上昇傾向を示しており、1906年から2005年までの100年間で0.74℃上昇しています。特に20世紀後半にはその上昇速度が加速していると報告されています。

　1989年には初の「環境サミット」が開催されました。また、パリで開催されたアルシュ・サミットでは環境問題が初めて本格的に取り上げられて、世界中が地球環境の保全に目を向けるようになりました。そして1990年8月国連の「気候変動に関する政府間パネル（IPCC）」全体会合がスウェーデンのスパルツで開催され、世界75カ国が参加して活発な討議を行いました。

　この会議で、地球温暖化の深刻さや、温室効果ガスを減らすための対策の必

要性を盛り込んだ報告書が作られ、これに参加国が合意して会議を終えましたが、二酸化炭素排出削減目標は設定されず、先に持ち越されました。

会議の報告書の主な内容は、

(1) 二酸化炭素やメタンなどの安定で長寿命のガスの大気中の濃度を、現在の水準に安定させるためには、人間活動によって排出される二酸化炭素の量の6割以上を削減する必要がある。
(2) これらの温室効果ガスが現在の量で排出され続けると、地球の平均温度は、今世紀末には3℃（10年間で0.3℃）上昇する。また、これによって起こる海面の上昇は、10年間に6cmずつであり、今世紀末には最大で1mの海面上昇が予定される。この場合、長さ36万kmの海岸に影響があり、いくつかの島では住むことが不可能になる。
(3) 地球温暖化防止の対策を、直ちに進めるべきである。これに対応する戦略として、フロンの廃絶や、クリーンで効率の高いエネルギーの開発、森林の保護・管理などが挙げられる。
(4) 先進工業国と発展途上国は、こうした気候変動によって生じる諸問題に、共通して立ち向かっていく責任を持つ。

地球温暖化の科学的側面について、初めて国際的に共通の理解が得られ、この会議は、今後の温暖化防止交渉を進めるうえで、重要な意義を持つと思われました。この問題は、石炭、石油などの化石燃料の燃焼によって、大気中に放出された二酸化炭素やメタンなどによって起こり、我々の産業活動などによる人為的な温室効果ガスが温暖化の原因である確率は90%を超えると言われています。二酸化炭素などは太陽光のほとんどを通過させますが地表からの赤外線を吸収するため、これらのガスが地球の周りに増えると温度が上昇すると考えられます。

二酸化炭素の濃度の測定は、1958年以降、ハワイ諸島のマウナ・ロア観測所で行われ、環境問題を警告する一つの契機になりました（図1.2）。現在は世界各地で二酸化炭素の計測は行われていますが、過去の二酸化炭素濃度は南極で雪氷層のボーリングを行い、この中の二酸化炭素から推定しています。

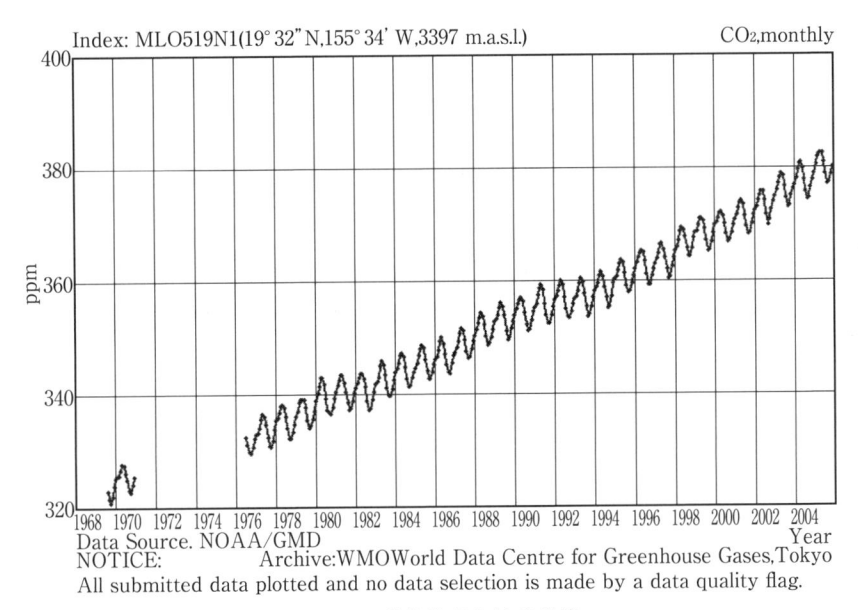

図1.2　二酸化炭素と地球環境
出典：環境省ホームページ
http://www.j-organic.org/pdf/ondankakannkyoushou%20.pdf

　こうした調査から、産業革命前には280ppmほどであった大気中の二酸化炭素濃度は2009年平均で386.8ppmとなっていること、また、この増加速度は年々加速していることが判明しました。

　1992年6月の国連の会議（地球サミット）で気候変動枠組条約が採択され、定期的な気候変動枠組条約締約国会議（COP）の開催が決められました。2001年のIPCC第3次評価報告書、2006年のスターン報告、2007年のIPCC第4次評価報告書などによって温室効果ガスによる温暖化の科学的なコンセンサスが明確になりました。しかし、この温暖化を人為的に抑制できる方法は温室効果ガスの削減です。そこで世界が協力する削減義務として京都議定書が1997年に議決され、2005年に発効しました。各国はこの議定書の目標に向かって削減に努力をすることになりました。しかし、この議定書には主要排出国の米国が参加しておらず、日本も目標を達成するのが難しくなっています。

欧州は順調に削減を進めており、目標の達成は可能とみられています。しかし、発展途上国の排出量を削減するプロセスはまだ決まっていないなど多くの問題が残されています。

　一方、温暖化による経済損失は著しく大きいのです。IPCCの第4次評価報告書によると2～3℃を超える平均気温の上昇により、全ての地域で利益が減少したり、コストが増大する可能性がかなり高いと報告しています。また、スターン報告では、5～6℃温暖化すると世界のGDPの約20％に相当する損失が発生するリスクがあると報告しています。

　それでは温暖化によって、どのような影響があるのでしょうか。
(1)　2100年までに平均気温が1.1～6.4℃上昇する。
(2)　北極圏の気温上昇は世界平均の2倍で上昇しており、北極の海氷は10年当たりで2.1～3.3％、平均2.7％減少している。
(3)　陸上における最高気温と最低気温の上昇と年間における日々の温度差の減少。

　これらによって海水面の上昇、降水量の変化やそのパターンが変化します。異常気象と言われる洪水、旱魃、猛暑や台風（ハリケーン）などを起こします。生態系にも大きな影響をもたらすと言われ、農業や水産業への影響によって食糧問題が起こります。

　スターン報告では、二酸化炭素の濃度を550ppmに抑えるコストは世界のGDPの1％と見積もられており、巨大な費用を必要とします。しかし、温暖化によってもたらされる被害（2100年GDPの20％）に比べると何とか世界が協力すれば達成が可能と思われます。そこで考えなければならないのは、二酸化炭素を増やさないようにする技術の開発です。これについては以下に述べますが、本書では生物的あるいは生物化学的な方法を利用した二酸化炭素の削減技術に限定して述べたいと思います。

1.4　二酸化炭素の排出抑制技術

　これまで述べてきたことからも分かるように、地球環境問題の原因は、いずれも人間活動に起因するものです。人間は、その誕生以来自然環境を人間に都合のいいように変えて生き続けてきました。それらによって起こる環境変化が自然の回復力をはるかに超えているということが問題の一つです。もう一つは自然の生態系にはないもの、人間が作った人工物あるいは肥料や農薬などが撒き散らされて自然環境が破壊されているということです。今この問題に真剣に取り組まなくては、地球は私たちの子孫が住めないような荒廃したものとなってしまうでしょう。

　こうした地球環境の回復にバイオテクノロジーを役立てることができます。もちろんバイオテクノロジーだけで全てを解決できるわけではありませんが、二酸化炭素によって起こっている問題などに大きな力を発揮します。

　大気中の二酸化炭素の増加に伴う気温上昇は、既に述べたように主要国首脳会議（サミット）や国連の環境会議で世界的に注目されるに至りました。具体的に気温がどのくらい上昇するかについては既に述べましたが、$1.1 \sim 6.4$℃の間にほとんどの予測は入っています。

　しかし、気温の上昇は地球上で一様に起こるのではなく、地域によって異なるとされています。赤道付近ではあまり上昇せず、北極や南極の近辺で上昇度が高いと言われ、そのため極地の海氷の融解に伴う海面の上昇が懸念されています。気温の上昇は降水量の変化をもたらし、一般的に降水量は増加すると予測されていますが、これも地域によって異なります。最終的には生態系への影響がかなりあると予想されています。

　二酸化炭素の増加を抑える方法については種々の方法が検討されています。特に重要なのは経済の発展に悪影響を与えないようにして、二酸化炭素の排出量を抑制する方法です。そのためには省エネルギー技術を徹底的に研究開発

し、これを普及する必要があります。日本やドイツでは既に省エネルギー技術の開発が進んでいますので、これ以上の化石燃料消費量の減少はあまり期待できませんが、米国、ロシア、中国などではまだかなりの省エネルギーが可能と言われています。

　また、代替エネルギーの開発も重要な課題です。現在の化石燃料中心のエネルギーから天然ガス、自然エネルギー、原子力エネルギーの利用などへの転換です。しかし、2011年の東日本大震災によって東京電力の福島原子力発電所の原子炉が被災し、放射性物質の放出による汚染が起こって大きな社会問題になっています。

　原子炉の安全性などの問題で反対運動が世界的に起こっています。各国政府は原子力政策の見直しを迫られており、原子力エネルギーを急速に増すのは難しいかも知れません。代替エネルギーとして風力、地熱、波力、太陽エネルギーなどの自然エネルギーを利用することが重要と考えられていますが、これだけでは我々が必要とする電力はまかなえません。したがって、自然エネルギーと化石燃料によるエネルギーをミックスして使うのが得策だと思います。

　また、バイオマスエネルギーの利用も重要です。バイオマスとは地球上に存在する全ての生物有機体を指します。元々生物量という生態学の用語であり、生物全体を一つの塊として考える意味に用いられています。現在はエネルギー源としての生物資源という意味で使用されており、量的には植物資源が圧倒的に多くあります。

　現在、地球上に存在するバイオマス資源の量は1兆8,000億トンと推定されています。年間の生産量は陸上で1,150億トン、海上で550億トンと言われています。したがって、枯渇する心配がないバイオマスの利用が注目されています。

　バイオマス資源のうち、エネルギー源として利用できるのはバイオマス廃棄物や未利用植物資源です。廃棄物としては稲わらなどの農業廃棄物、間伐材などの林業廃棄物、糞尿などの畜産廃棄物、都市・産業廃棄物などです。これらのバイオマス資源をエネルギー化するプロセスには熱分解、燃焼、化学処理、

生化学反応などがありますが、これらのうち生化学反応が最も省エネルギーです。木材や稲わらなどの植物資源の主成分はセルロースですから、これを糖化すると利用が広がります。

　これを糖化する方法として酸糖化法と酵素糖化法があります。これを糖化してグルコースにし、これを微生物発酵の栄養源としてアルコールを作るプロセスが国家プロジェクトとして行われています。このアルコールをガソリンと混合して自動車燃料とし、化石燃料の代替として利用することが広まっています。しかし、バイオマスをエネルギー化するには、多くの過程が必要であり、消費エネルギーと生産エネルギーとの収支の問題があります。さらに、バイオマス自身がかさ高く不安定で、その回収、乾燥、運搬に手間とコストがかかる問題があります。

　次にバイオテクノロジーを応用した二酸化炭素の吸収システムとしてバイオ

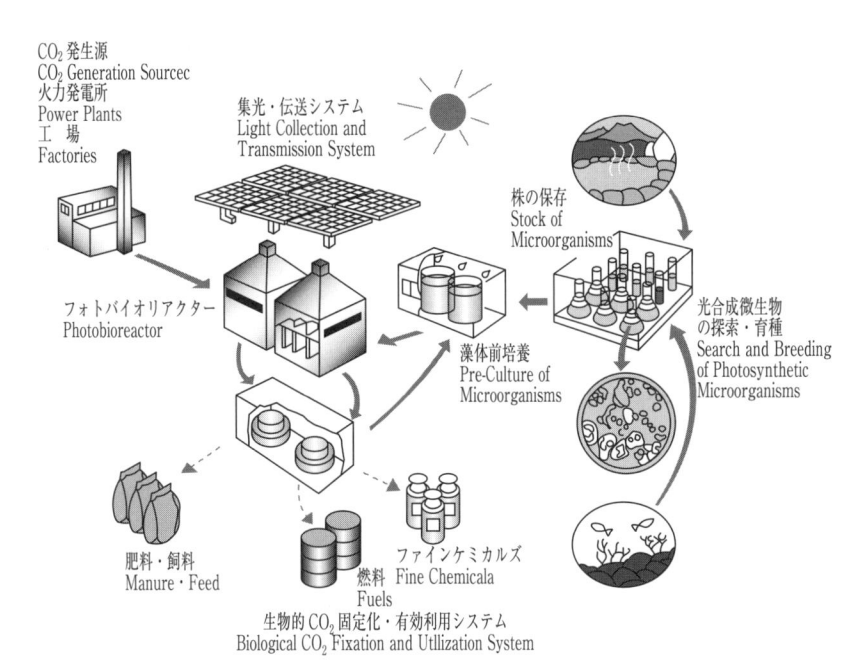

図1.3　バイオリアクター（バイオニクス　講義資料より）

リアクターがあります。海洋などで行われている藻類などによる二酸化炭素の固定化反応と先端科学技術を組み合わせたものです。先端技術を利用して太陽エネルギーを効率的に集め、この光を利用して微生物や藻類を増殖させ、二酸化炭素を固定し、有用物質に変換するシステムです。このような太陽光を利用したバイオリアクター（図1.3）を火力発電所などに設置し、排煙中の二酸化炭素をタンパク質、医薬品などの有用物質の生産に利用することが考えられます。

1.5 環境負荷物質の除去

　環境に負荷を与える物質は大気中、水中、地中に数多く存在しています。これらの物質は我々が人為的に作り出したもので、これの除去が緊急の課題です。例えば酸性雨の被害が広がっています。酸性雨とは化石燃料などの燃焼によって発生・放出される硫黄酸化物（SOx）、窒素酸化物（NOx）などの物質が雲や雨滴に溶解して硫酸や硝酸となって雨や雪として降下します。

　最初に被害が出たのは北欧でした。湖沼が酸性化してプランクトンや水生植物が減少しました。次にこれらを餌にしている魚類が減少し、全滅しました。日本をはじめとする先進国の産業は、排煙を処理するための脱硫装置や脱窒装置を設置しているので、この問題はあまり深刻とはなっていません。発展途上国では大気汚染が進んでいます。生物の機能を利用したバイオリアクターで脱硫、脱窒することもできますが、大規模というわけにはいかないのが問題です。

　一方、産業や家庭生活によって水質の汚濁が起こっています。河川水や工場排水などに含まれる有機物質の分解に微生物を利用する排水処理プロセスは既に一般的に行われています。これは空気の存在する条件下で行う好気的処理と、空気の存在しない条件下で行う嫌気的処理に大別されます。前者は微生物や原生動物などを混合した活性汚泥を利用する方法で、有機物質を最終的には

二酸化炭素、水、アンモニアなどに分解します。後者は嫌気発酵プロセスで炭水化物、タンパク質などの有機物質を低級脂肪酸に変え、最終的にはメタン、二酸化炭素を生産する方法です。こうしたプロセスを効率的に進めるために、種々のバイオリアクターが使われています。

　好気的処理は、通気攪拌などに膨大なエネルギーを要するプロセスです。一方、嫌気的処理ではメタンを生成するので、消費したエネルギーの一部を回収することができます。生産されたメタンガスを燃料にして発電するプロセスも実施されています。下水処理場などではメタン発酵を利用することが多いのです。しかし、メタン発酵には時間がかかるという難点があります。

　これらのプロセスで環境に負荷を与える有機物質のみではなく、特定の汚染物質を除去することもできます。例えば富栄養化の一因とされるリン酸塩の除去、フェノールをはじめとする難分解性有機物質の分解、カドミウム、ニッケル、鉛、水銀などの重金属の吸着除去、シアンの分解、プラスチック可塑剤の分解、各種原油成分の分解などができます。

　これらのバイオリアクターを効率的に運用するためには、膜処理技術との組み合わせも必要です。微生物を高濃度にしたり、排水を濃縮したり、不溶性物質を除去するために、高性能分離膜が利用されます。これには高分子膜を利用する場合とセラミックスを利用する場合とが考えられますが、膜の目詰まりを防止する工夫が必要です。膜技術とバイオテクノロジーの組み合わせによってコンパクトで省エネルギーの排水処理システムを作ることができます。水処理については第3章で詳しく述べます。

　土壌中の環境負荷物質を取り除くために用いられる方法には様々な技術が応用されますが、大きく分けて化学的方法、物理的方法、生物的方法などがあります。環境負荷物質の種類によって、最も良い方法が選択されます。これらの方法のうち、最も省エネルギーかつ省資源のプロセスが生物的方法です。土壌中の環境負荷物質を取り除くバイオレメディエーション（生物的修復）が注目されています。この技術の主役は土壌中の微生物です。

　すなわち、バイオレメディエーションとは、微生物の代謝機能を巧みに利用

して環境負荷物質を分解したり、無害化して最終的には炭酸ガス、メタン、水、無機塩、バイオマスなどに変換してしまう技術です。この技術の対象となった有機物質としてトリクロロエチレン、ジェット燃料、トリニトロトルエン（TNT）、火薬、フェノール、アセトン、農薬など多種多様の化学物質があります。既に欧米ではこのバイオレメディエーションが実用化されており、その市場が拡大しつつあります。特にアメリカでは、ベンチャー企業の良いビジネスターゲットになっています。

バイオレメディエーションは環境負荷物質を分解するための極めて重要な技術ですが、分解に生物化学反応を利用するので、修復速度は速いとは言えません。そこで用いる微生物をバイオテクノロジーを用いて改良する試みが行われています。これによってバイオレメディエーションを効率的に行うことが可能になるかも知れませんが、組み換え微生物の安全性などの検討が必要だと思います。

バイオレメディエーションの詳細については、第2章で述べます。

1.6 環境のモニタリング

地球環境を監視し保全を図るためには環境パラメータのモニタとデータの蓄積が極めて重要と考えられます。このためには人工衛星などを利用したリモートセンシングや地上のステーションを中心として種々のデータの集積と解析を行わなければなりません。

このような地球環境監視センターのようなものを世界各地に設立し、世界的な協調の下で、地球環境の変化の動態を刻々と調べる必要があります。また、これらの解析によって、今後の地球環境保全のための貴重な方針が得られます。

環境モニタリングには物理化学手法と生物学的手法があります。生物学的手法では、例えば街路樹などの成長異変や形態変化を調べたり、あるフィールド

内の動物の内臓にたまっている重金属を調べたりします。また、特定の環境条件に関して特に敏感な植物、例えば銅を好むイワマセンボンゴケのような植物を指標植物とし、その生育分布状況を調べて、その場所の環境条件を評価する方法があります。ソバ、ゴマ、タバコなどのように亜硫酸ガスに感じやすく、特有の急性被害兆候を示す植物もあります。こうした植物は検知植物と呼ばれます。

一方、バイオテクノロジーを応用した環境負荷物質のモニタリングは極めて重要です。例えば、農薬の高感度な検出システムの開発が世界的に要望されており、欧米ではその研究開発に膨大な研究費が投じられています。

特に微量の各種農薬を選択的に検出するためには免疫学的方法や酵素化学的な方法が必要です。最近注目されているバイオセンサーを使うと農薬などの高感度な計測ができます。

バイオセンサーは生体分子や細胞などが持つ優れた分子の認識機能を利用し、これに電気化学デバイスや半導体素子を組み合わせて作ります（**図1.4**）。用いる生体材料の種類によって酵素センサー、微生物センサー、免疫センサーなどの各種センサーが開発されています。

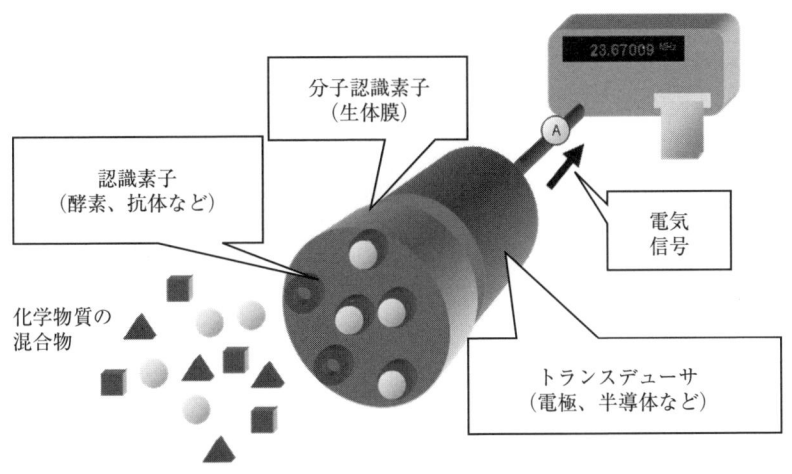

図1.4　バイオセンサーの概念図

例えば、特定の農薬を高感度に検知したい場合、農薬（抗原）をウサギなどに注射して抗体を作らせることができます。抗体は我々の体を守る防御機構の免疫反応に欠くことのできないタンパク質であり、特定の抗原（農薬）と複合体を作ります。したがって、抗体を用いれば農薬を高感度に測定することができます。このとき用いるデバイスとしては電極、半導体素子、圧電素子、光デバイスなどがあります。農薬の抗体タンパク質とこれらのデバイスを組み合わせると、農薬を検知する免疫センサーを製作することができます。現在、免疫センサーの開発は世界中で盛んに行われています。

しかし、もっと単純に農薬を検知することもできます。筆者らは有機リン系農薬を検知するために酵素センサーを開発しました（図1.5）。このセンサーはリン酸イオンを高感度に計測することができるので、水道水などに混入している微量の有機リン系農薬の濃度も計測することができました。

さらに微生物を用いるバイオセンサーが開発され、環境計測に利用されています。既に、河川水などの汚濁度を調べるBOD（生物化学的酵素消費量）センサー（図1.6）、変異原や発がん物質センサー、窒素酸化物センサー、毒物センサーなどの種々のセンサーが開発され、実用に供されています。また、バイオセンサーではありませんが、CODセンサーやプランクトンセンサーなど

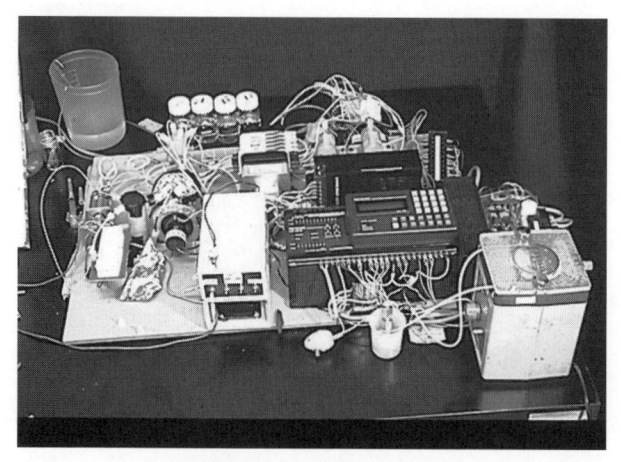

図1.5　リン酸センサー

●●●● 1.6 環境のモニタリング

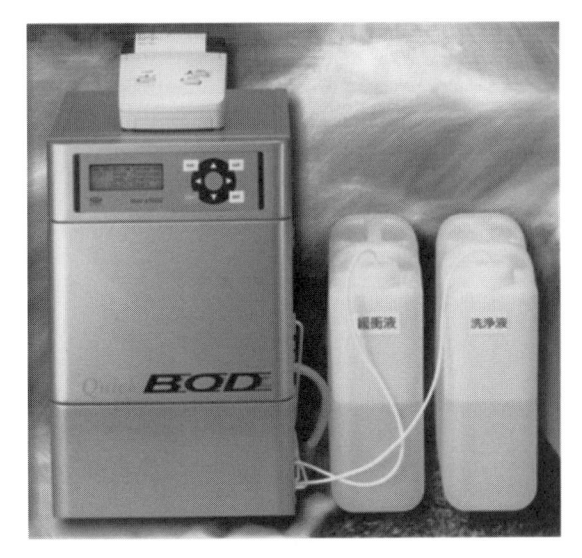

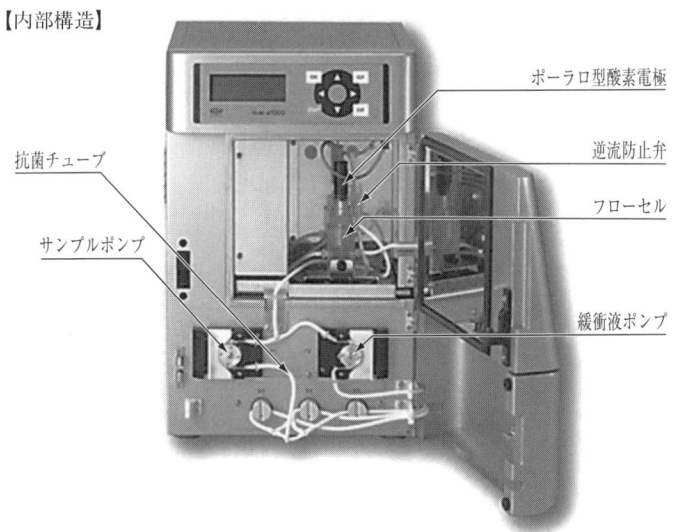

【内部構造】

図 1.6 BOD センサー（セントラル科学㈱）

も試作されています。

　地球環境の保全を本格的に考えるためには膨大な研究費と長期計画を持ってこれにあたらなければならないと思います。特に地球環境問題は我が国だけで

解決できる問題ではありません。先進国、発展途上国が協調して互いに保全のための道を探らなければ、この問題を解決することは極めて困難です。そのためには環境が実際にどのようになっているのかを把握しなければならず、基本的な環境指標のパラメータのモニタリングが不可欠だと思います。

　環境モニタリングについての詳細は、第7章で具体的に述べます。

第2章
バイオレメディエーション

2.1 バイオレメディエーションの特徴

　環境修復技術（レメディエーション）は次の2つのプロセスから成り立っています。すなわち、種々の建設機械などを利用した、汚染物質を環境から抽出や分離するプロセス、吸着剤や化学薬品を利用した、汚染物質の分解や安定化するプロセスです。バイオレメディエーションは、このような物理・化学的な手法の一部を、生物の機能に頼る次世代の技術です。施行に伴う環境負荷が少ないことと、全コストの低減化が期待されているのです。

　環境には様々な微生物が存在して、自然環境の形成に大きな影響を持ってきました。すなわち、一部の微生物は、動物などによって作り出された有機物を分解し、多くの無機物を土壌に蓄積します。こうしてできた無機物は、水に溶けて植物や微生物に吸収されて再利用されています。生物の営みは、環境の汚染と修復の両方に関わっているのです。

　科学技術の進歩によって、私たちは大量の合成化合物や金属化合物を作り出し、利用しています。私たちの生産活動の特徴は、大量生産によってその生産地の土壌や水に限定的に、生産に関わる物質が蓄積する可能性があること、そして、化合物などによっては微生物による無機物への分解が困難な場合があることです。

第2章 バイオレメディエーション

バイオに頼らないレメディエーション
(a) 吸着除去
(b) 土壌洗浄

バイオレメディエーション
(c) 分解無害化 微生物
(d) 吸収 植物

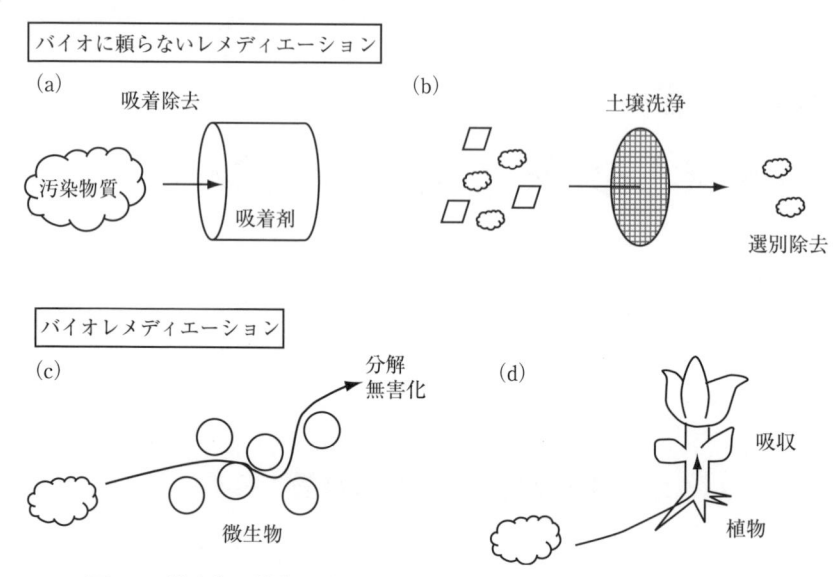

図2.1 微生物や植物が重要な役割を持つバイオレメディエーション

　微生物などによる環境浄化は、一般的に時間がかかると言われています。効率よく環境を浄化するためには、汚染物を集めたり、分離するのに、物理的な手法は大変有効です。これをうまく活用している工場排水や下水の処理では、さらに微生物による有機物の分解活性を利用して、効率的に汚染水を浄化しています（図2.1）。

　例えば、難溶性の繊維などの有機物を多く含む固形物は、約3種類の微生物が協調して嫌気的に有機物に分解され、発酵して酢酸と水素になります。その一部はメタンの生成に利用されてエネルギーとして回収されています。また、水溶性の有機物を含む汚水は、好気的に微生物によって分解され河川に戻されます（図2.2）。

　水環境の場合は、汚染物質の移動、撹拌、温度などの浄化に必要な条件を管理することが、比較的に容易です。水環境での微生物の培養は培養工学的な知見が多くあります。したがって、その汚染浄化のための生物活性を引き出すことは比較的に容易と言えます。一方、土壌環境の場合は、その汚染物、微生物

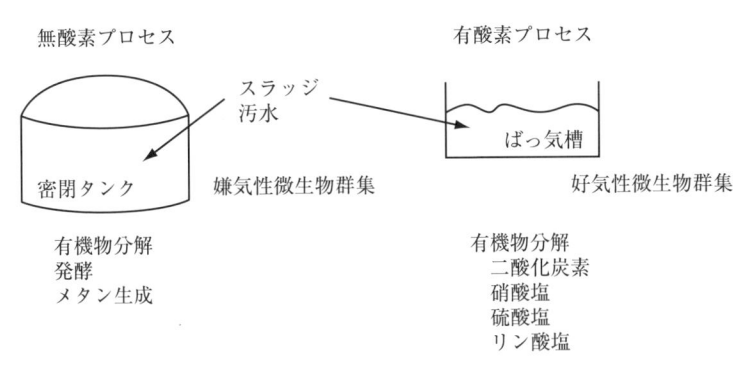

```
無酸素プロセス           有酸素プロセス

   ┌─────┐   スラッジ      ┌──────┐
   │密閉 │   汚水         │ばっ気槽│
   │タンク│              └──────┘
   └─────┘   嫌気性微生物群集    好気性微生物群集

   有機物分解              有機物分解
   発酵                    二酸化炭素
   メタン生成              硝酸塩
                          硫酸塩
                          リン酸塩
```

図 2.2 下水に含まれる有機物の分解は代表的なバイオレメディエーション

利用のどちらの管理も容易ではありません。汚染物によっては地下 30 m も深く汚染物が浸透することもあります。そのため、汚染した土壌を浄化することは、極めて大きな課題となっているのです。

汚染物を含む土壌や、固形物を汚染の発生源から移動させて、適当な場所と管理下で浄化する方法が試みられています。その一つはコンポスト（堆肥）の製造法を応用しています（**図 2.3**）。

コンポストは微生物の活動によって落ち葉や生ごみなどから作られる典型的な分解物です。コンポストを作る微生物は、通気性の良い環境で適度な水が存在すると、様々な有機物を分解してエネルギーを得ます。その分解で放出されるエネルギーの一部は熱となるために、しばしばコンポストは高温になります。そうすると高熱性で好気性の微生物の代謝活性が、ますます活発になります。汚染物の分解に、この微生物の代謝活性を利用するのです。すなわち、コ

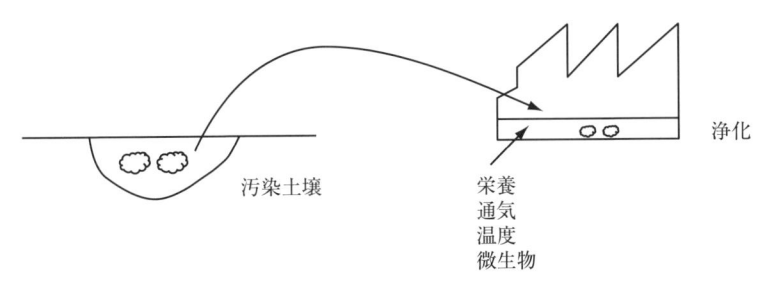

図 2.3 コンポスト化を応用した掘削除去汚染土壌の処理

ンポストを製造するのに条件を整えて、そこに汚染物を含む土壌や固形物を混ぜ合わせます。そして適度に環境を管理して汚染物質を分解するのです。ただし、コンポストの生成で活躍する微生物が効率よく分解できるのは、芳香族のニトロ化合物と言われています。

　一般に微生物には、得意・不得意な分解対象物があります。その理由は、微生物の種類に多様性があるように、微生物によって代謝が異なるからです。DNAが微生物によって違うので、その代謝をつかさどる酵素群が微生物ごとに異なるのは当然です。よって分解できる化合物は、微生物の種類に大きく依存することになります。1gの土壌には、800万種の細菌がいると推定されています。微生物を利用したバイオレメディエーションを効率よく実施するためには、対象とする汚染物に適切な微生物を作用させることは、とても大切なことと言えるでしょう。

　さらに、微生物による汚染物質の分解は、必ずしも好気条件に限りません。嫌気的な環境で分解を促進する微生物も存在します。このような微生物を利用するには、汚染物と空気ができるだけ接触しにくい環境にして微生物を作用させます。まとめると、微生物の栄養源、浄化に適切な微生物の存在、浄化に適切な環境の3つが大切です（**図2.4**）。

　汚染した土壌をその場で浄化するには、汚染物の性質、汚染物を浄化する微

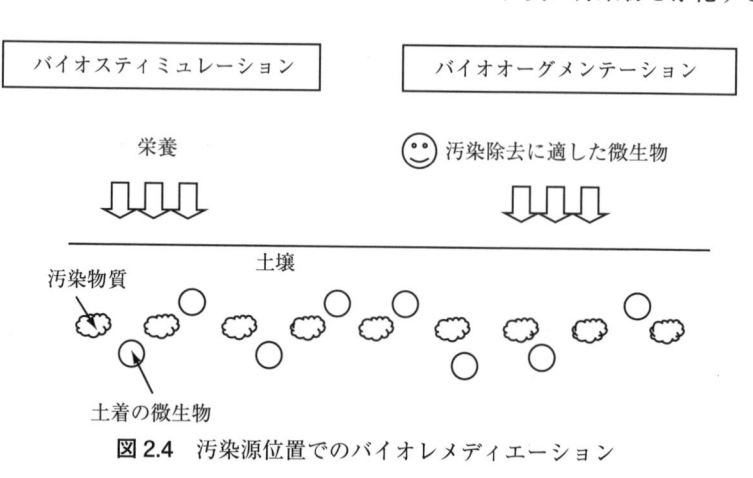

図2.4　汚染源位置でのバイオレメディエーション

生物の性質を知ることが大切です。汚染した土壌に汚染物分解性微生物が存在する場合は、栄養を土壌に供給することで浄化を進めることが可能です。汚染物の除去に有効な微生物が存在しない場合は、あらかじめ実験室などで培養した有用微生物を、土壌に供給することで浄化を進めることも可能です。米国エクソン社の石油タンカーの座礁がアラスカの海岸を原油で汚染した事件では、土着の微生物に適切な栄養源を与えることで顕著な除染効果があると報告されています。原油成分によっては、約4カ月弱で90％除去されました。一方、原油は1年間で30％程度しか自然蒸発しませんでした。このように海岸線という広範囲な汚染を除去するのに、汚染した土を移動させずに処理できるのは、非常に効率的です。

　汚染物によっては分解除去できないものも存在します。例えば金属類は化合物と違って分解しないので、何らかの方法で最終的に環境から分離する必要がある場合があります。金属を細胞内に蓄積する微生物の利用は、一つの方法です。植物の根の働きによって金属を吸収させる方法も検討されています。

　植物や微生物には、環境浄化に有用な機能を備えているものが多く存在します。私たちはこれらの働きを詳細に調べて、その機能をうまく活用して環境修復に役立てたいと考えています。

2.2　バイオレメディエーションの工法

2.2.1　微生物の利用方法による分類

　自然界には、土壌や水の中の微生物が有機物などの汚れをきれいにする「自浄作用」があります。バイオレメディエーションとは、このような微生物の代謝、吸収、蓄積機能を人為的にコントロールしてより効率的に環境の浄化と保全に利用する技術です。植物による環境浄化・修復は、ファイトレメディエー

ション（Phytoremediation）と言い、これについては2.6で別に解説します。バイオレメディエーションの対象となる環境は、大きく分けると土壌、水圏（廃・排水、地下水、海洋、河川、湖沼）と大気の３つになります。バイオレメディエーションの対象となる汚染物質としては、①重金属、②有機塩素系化合物（農薬を含む）、③油類・炭化水素などが挙げられます。

バイオレメディエーションは、微生物の利用の仕方から２つの種類に分けることができます（図2.5）。

一つは、バイオスティミュレーション（Biostimulation）であり、名前のとおり現場に生息している微生物を活性化（スティミュレート）して浄化に活用する手法です。もう一つは、バイオオーグメンテーション（Bioaugmentation）と言って、培養した分解菌を汚染現場へ散布することで分解を促進する手法です。「augmentation」は、「増加」や「添加」という意味です。

一般的なバイオレメディエーションのイメージとしては、培養した高活性の

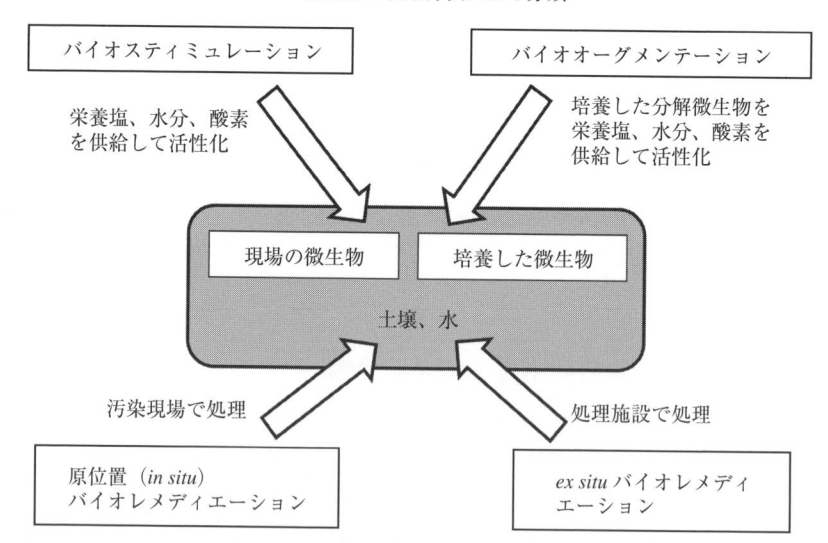

微生物の利用方法による分類

バイオスティミュレーション	バイオオーグメンテーション
栄養塩、水分、酸素を供給して活性化	培養した分解微生物を栄養塩、水分、酸素を供給して活性化
現場の微生物	培養した微生物

土壌、水

汚染現場で処理	処理施設で処理
原位置（*in situ*）バイオレメディエーション	*ex situ* バイオレメディエーション

浄化の実施場所による分類

図2.5　バイオレメディエーションの種類

分解微生物を汚染現場に投入するバイオオーグメンテーションの方が強いかも知れません。しかし、実際にはバイオスティミュレーションの方がよく利用されています。その理由としては、①分解微生物を培養する場合は、よりコストがかかる、②現地に生息していない微生物を大量に散布することは、生態系に何らかの影響を与えるという不安が残る、③環境中には様々な物質を分解できる微生物が存在しており、これらを活性化することで十分な効果が得られる、などが挙げられます。

バイオオーグメンテーションを行う場合でも、汚染物質の分解微生物は汚染現場から採取できる場合が多く見られます（図2.6）。

例えば、国立環境研究所は、クリーニング工場排水口側溝のテトラクロロエチレン（PCE）で汚染されている土壌からPCEを分解する混合微生物系を見いだしています。また、石油を分解できる微生物を石油で汚染された土壌から分離した例や、重金属耐性の微生物を重金属に汚染された土壌から単離した例などが報告されています。このように、汚染現場は、その汚染物質を浄化できる微生物の宝庫ということもできるでしょう。

自然界にはバイオレメディエーションに適した高い活性を有する微生物が数

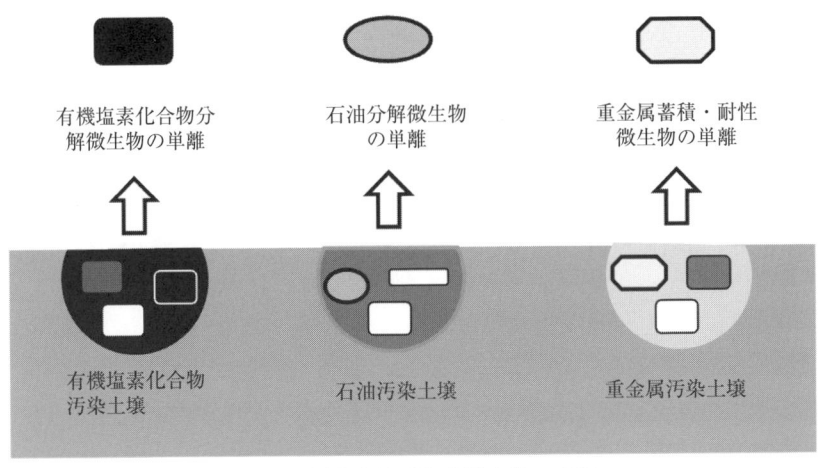

図2.6　汚染土壌は浄化微生物の宝庫

多く存在しますが、汚染物質によっては活性が高い菌が見つからない場合や高活性菌が見つかっても特殊な生育環境でしか生育できない場合もあります。このような場合には、新しい処理技術の開発や遺伝子組み換え技術による高活性で利用しやすい微生物の開発も行われています。

2.2.2 浄化の実施場所による分類

　バイオレメディエーションの別の分類法として、汚染現場で浄化処理を行う原位置（in situ）バイオレメディエーションと汚染された土壌や水を処理施設などに運搬して浄化処理を行う ex situ バイオレメディエーションに分けることができます（図2.5）。例えば、地下水汚染の浄化の場合は、地下水を別の場所に移動させることが困難なために、一般には原位置で処理する方法が選択されます。また、操業中の工場などの施設の土壌が汚染されていて、操業を続けながら浄化を行いたい場合にも原位置バイオレメディエーションが選択されます。しかし、原位置バイオレメディエーションは十分な効果が得られにくい場合もあり、事前の現地調査や浄化シミュレーションを実施することが重要です。

　また、微生物を利用するバイオレメディエーションが環境に影響を与える可能性を考慮して、経済産業省と環境省は、2005年3月30日、「微生物を利用したバイオレメディエーション利用指針」を策定しました。この指針では、①浄化事業の実施に当たって、事業者が事前に「浄化事業計画」を作成し、「生態系への影響評価書」をまとめること、②実際に生態系への影響評価を踏まえた浄化事業計画に従って浄化事業を実施すること、③浄化事業計画が利用指針に適合しているか経済産業大臣および環境大臣による確認を受けること、を規定しています。

2.2.3 土壌のバイオレメディエーションの工法

　バイオスティミュレーション、バイオオーグメンテーションのいずれの場合も、汚染物質の浄化のためには土壌中の微生物の活性を高めることが重要です。そのため、活性化したい微生物の特性に合わせて栄養剤・水・酸素を供給します。バイオオーグメンテーション法では、対象汚染物質に合わせた微生物も投入します。しかし、微生物（バイオ製剤）・栄養剤・水・酸素を散布するだけでは均一な浸透・拡散が起こりません。そこで、土壌のバイオレメディエーションでは撹拌などの様々な処理を行う必要があり、汚染現場の状況に合わせて最適な工法が選択されます。

　地下水のバイオレメディエーションでは、一般に井戸を設置して必要な物質を投入します。土壌の浄化のための主な工法としては、①バイオベンディング法、②ランドファーミング法、③バイオパイル法、④バイオスラリー法などがあります。

(1) バイオベンディング法（図2.7）

　汚染された土壌や地下水脈に対して、井戸（注入井、回収井）やトレンチを設置し、それを用いてバイオ製剤（バイオオーグメンテーションの場合）・栄養剤・酸素などを地中に注入し、浄化を行う工法です。したがって原位置浄化法です。汚染された土地に建物があっても施工が可能なため、操業中の工場・事業所にも適用できます。地下水の浄化では、井戸からくみ上げた地下水を地上の浄化処理装置で処理（揚水ばっ気など）して地下に戻すなど、他の工法と組み合わせることも可能です。

　地下水の浄化では、注入井戸は地下水の流れの上流に掘られます。しかし、一般には自然の水流では投入資材の十分な拡散が行われないため、下流に揚水井戸を掘って強制的に拡散をすることで分解を促進します。また、微生物の力

第2章 バイオレメディエーション

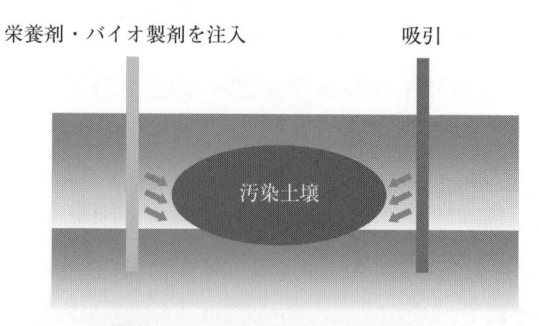

図2.7 バイオベンディング法
（地下水にも適用可能）
出典：㈱バイオレンジャーズ
http://www.bri.co.jp/dojyou_s.html

を最大限に利用するためには、対象地ごとに最適な栄養剤を選択・調製するとともに、地下水環境に適した浄化計画を立てる必要があります。浄化対象物質としては、揮発性有機化合物（VOC）や鉱油類などが挙げられます。

(2) ランドファーミング法（図2.8）

汚染された土壌を掘削し、別の場所に移動して敷き広げ（高さ＜約1m）、そこにバイオ製剤（バイオオーグメンテーションの場合）・栄養剤・水を添加し、重機（ブルドーザーなど）を用いて酸素を取り込みながら撹拌して浄化を行う最も基本的な工法です。好気性の微生物を活用して土壌の油汚染を浄化する場合によく利用されます。湾岸戦争で原油によって汚染されたクウェートの砂漠地域を対象としたバイオレメディエーションで高い浄化効果を発揮しました。

(3) バイオパイル法（図2.9）

掘削した汚染土壌を積み上げ、その中に通したパイプからバイオ製剤（バイ

栄養剤を散布

汚染土壌

遮水シート

図 2.8 ランドファーミング法
出典：㈱バイオレンジャーズ
http://www.bri.co.jp/dojyou_s.html

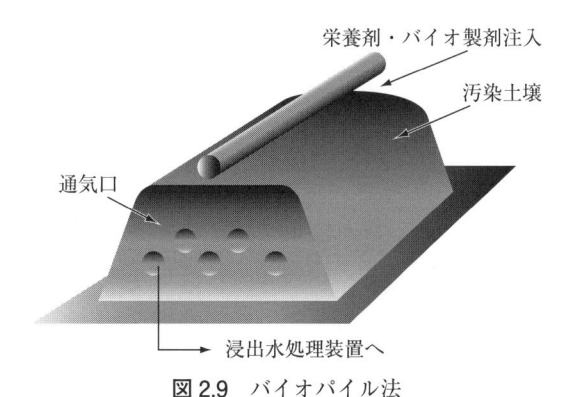

栄養剤・バイオ製剤注入

汚染土壌

通気口

浸出水処理装置へ

図 2.9 バイオパイル法
出典：㈱バイオレンジャーズ
http://www.bri.co.jp/dojyou_s.html

オーグメンテーションの場合)・栄養剤・水・酸素を供給し浄化を行う工法です。好気性の微生物を活用して土壌の油などの炭化水素汚染を浄化する場合によく利用されます。場合によっては、パイプ中の汚染物質を除くため、排ガス処理を行う必要があります。土壌中に各種センサーを設置して、酸素濃度、pH, 温度、水分含量、汚染物質濃度などをモニタリングしながら浄化を行うことが可能です。日本でも油槽所やガソリンスタンド跡地などの石油汚染土壌に

おいて多数の処理実績がある方法です。

(4) バイオスラリー法（図2.10）

スラリーとは泥水状のことを言います。この工法では、掘削した汚染土壌に、バイオ製剤（バイオオーグメンテーションの場合）・栄養剤・水を添加し、十分に混合してスラリー（泥水）状に調整した後、スラリーバイオリアクターに投入して、微生物による分解処理を行う工法です。反応後に土壌を沈殿させて水と分離して回収します。バイオリアクターが必要なため、大規模な処理には向いておらず、処理コストも比較的高くなります。

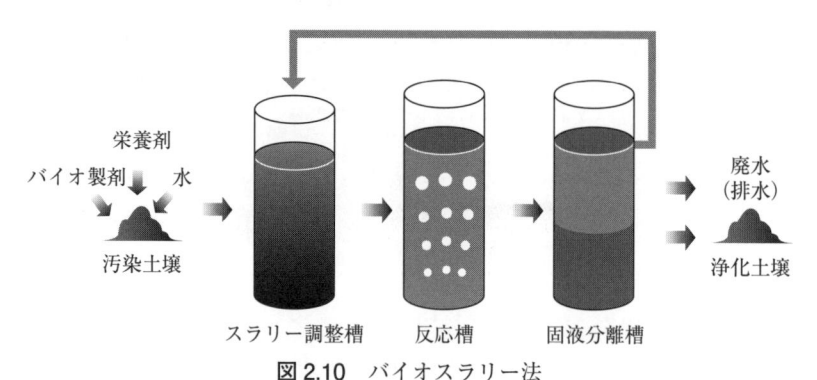

図2.10　バイオスラリー法
出典：㈱バイオレンジャーズ
http://www.bri.co.jp/dojyou_s.html

2.3　有機塩素系化合物汚染のバイオレメディエーション

有機塩素系化合物とは、塩素を含む有機化合物で様々な有毒物質が含まれています。例えば、トリクロロエチレン（TCE）やテトラクロロエチレン（PCE）などの揮発性の化合物、ダイオキシンやポリ塩化ビフェニル（Polychlorinated

Biphenyl：PCB）などの難分解性の猛毒物質などを含んでいます。また、全ての農薬ではありませんが、農薬の中の代表的な汚染物質も有機塩素系化合物が含まれているためここで取り上げます。

2.3.1 揮発性有機塩素化合物（TCE、PCE）

(1) 揮発性有機塩素化合物とは

トリクロロエチレン（TCE、図2.11）は、IT製品や繊維製品の油分や汚れを落とす洗浄剤の目的で使われます。環境中で分解されにくい化学物質で、肝臓や腎臓に障害を及ぼすとされ、がんを引き起こすおそれが指摘されています。かつて、地下水から検出され問題となったことがあります。

テトラクロロエチレン（PCE、図2.11）は、化学工業製品の合成原料、溶剤、洗浄剤やドライクリーニングの溶剤として使われ、今日では代替フロンの原料としての用途が多い難分解性の物質です。揮発性のため大気中に放出され、人の健康への影響が懸念されています。動物実験で発がん性が確認されています。中枢神経障害、肝臓・腎臓障害なども報告されています。

(2) TCEやPCE汚染のバイオレメディエーション

TCEやPCEは、メタン資化性細菌（*Methylocystis*属）やトルエン資化性細菌（*Ralstonia eutropha*）によって分解できることが知られています。TCEやPCEなどは嫌気的条件下では嫌気性微生物によって脱ハロゲン化され、ジク

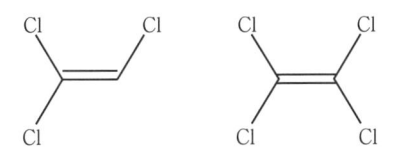

図2.11　TCE（左）とPCE（右）の化学構造

ロロエチレン、塩化ビニル、エチレンに還元されます。嫌気的分解には電子供与体が必要であり、バイオレメディエーション用に嫌気性微生物が利用しやすい電子供与体製剤が販売されています。TCEの場合には好気的に分解する微生物も見つかっており、メタン資化性菌の *Methylosystis* やトルエン資化性菌の *Pseudomonas cepacia*、アンモニア酸化細菌の *Nitrosomonas europaea* などで分解菌の報告があります。

　国立環境研究所では、TCEを分解する菌である *Methylocystis* sp.(M株) を土壌から分離することに成功し、この菌の土壌・地下水汚染浄化への応用を試みています。TCEはこの菌の分解酵素によって、TCEオキサイドに変化し、さらに無害な物質へと分解されます。また、この分解酵素遺伝子の塩基配列も明らかにされたので、遺伝子組換えによる分解菌の作成も可能です。

　また、同研究所は全国各地の土壌をスクリーニングして、TCEを分解する *Mycobacterium* に属する新種の微生物TA5株とTA27株も分離しています。TA5株は、PCE汚染土壌から、またTA27株はクリーニング工場周辺土壌から分離されました。さらに、クリーニング工場排水口側溝の土壌からPCEを分解する別の混合微生物系も得ています。この混合微生物系の継代培養により、160 mg/lの高濃度PCEを分解することが可能であると報告されています。

(3) TCE汚染の原位置バイオレメディエーション

　㈶地球環境産業技術研究機構(RITE)は、1995～2000年度にTCEに汚染された地下水のバイオレメディエーションによる浄化実証試験を千葉県君津市で実施しました(**図2.12**)。

　1998年に栄養塩などを投入するバイオスティミュレーション法によって浄化効果を確認し、2000年からは地上で培養した分解微生物(トルエン資化性細菌 *Ralstonia eutropha* KT-1)を注入してバイオオーグメンテーション法でもTCEの分解を確認しました。現場では、井戸周りには漏えいなどが生じた場合に区域外への拡散を防止するための囲いを設けて浄化を行いました。

2.3 有機塩素系化合物汚染のバイオレメディエーション

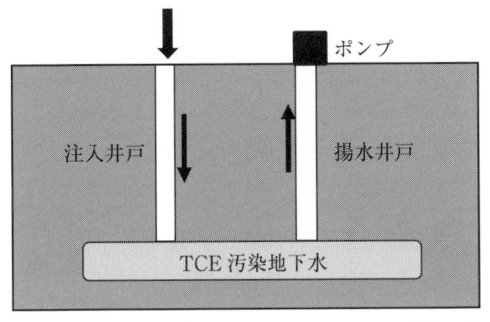

図2.12 TCE汚染地下水のバイオベンディング法による浄化

2.3.2 ダイオキシン類

(1) ダイオキシン類とは

　ダイオキシン類は、ポリ塩化ジベンゾパラジオキシン（polychlorinated dibenzo-p-dioxins, PCDDs）やポリ塩化ジベンゾフラン（polychlorinated dibenzofurans, PCDFs）を含む有機塩素化合物で、結合している塩素の数と場所によって20種以上が存在します。代表的なダイオキシンである2,3,7,8-テトラクロロジベンゾ-1,4-ジオキシン（TCDD）の構造式を図2.13に示します。
　ダイオキシン類は塩素を含む様々な物質を不完全燃焼させたり、比較的低温で反応させることで生じる有機塩素化合物であり、ごく微量でも発ガン作用、

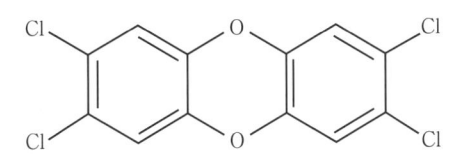

図2.13　2,3,7,8-テトラクロロジベンゾ-1,4-ジオキシン（TCDD）の構造式

免疫力低下作用などの強い毒性を示します。従来からごみなどの焼却灰や様々な化学物質を生産する際の副産物として、微量ながら産生・放出されていたと考えられますが、近年になって分析技術が発達したこともあってその存在が表面化して、「環境ホルモン」としても有名になりました。

環境ホルモンとは、ホルモンの作用を妨害したり、逆にホルモンのような働きをすることによって、生物の発育などに悪影響を及ぼす物質です。例えば、女性ホルモンのような働きをして、動物のオスをメス化したり、精子を減少させたりする作用が知られています。野生生物減少の原因の一つとしても環境ホルモンが疑われています。しかし、環境ホルモンはマスコミが広めた用語であり、実際には「ホルモン」ではなく動物のホルモン作用をかく乱する物質であるために、専門的には「内分泌かく乱物質」を使用するべきであるという指摘があります。

ダイオキシンは、水よりも油に溶けやすい脂溶性の物質です。そのため、生物の体に入ったダイオキシンは尿として排出されずに、脂肪組織に蓄積されます。川や海の水中のダイオキシンは魚の脂肪に蓄積され、さらに魚を食べる動物や人の脂肪組織に生物濃縮されていきます。

ダイオキシンの毒性を表す単位としては、pg-TEQ/kg/日が用いられます。これは、人の体内に取り込まれるダイオキシン類の量を表す単位で、1日に体重1kg当たり摂取するダイオキシン類が2,3,7,8-TCDD（図2.11）というダイオキシンの毒性に換算して何ピコグラムに相当するかを表したものです。ダイオキシン類は種類によって毒性が異なるために、ダイオキシン類の毒性レベルを表す統一の基準としてTEQが使われます。TEQは「毒性等価係数」とも言われます。ちなみに、摂取許容量は4.0pg-TEQ/kg/日です。

環境省の調査では日本人の個人のダイオキシンの総暴露量（平成14年）は1.52pg-TEQ/kg/日で、食品由来が1.49pg-TEQ/kg/日で最も多く、そのうち魚介類由来が1.29pg-TEQ/kg/日と87％を占めています（図2.14）。このように、特に魚介類ではダイオキシンの生物濃縮が起きていると考えられます。

●●●● 2.3 有機塩素系化合物汚染のバイオレメディエーション

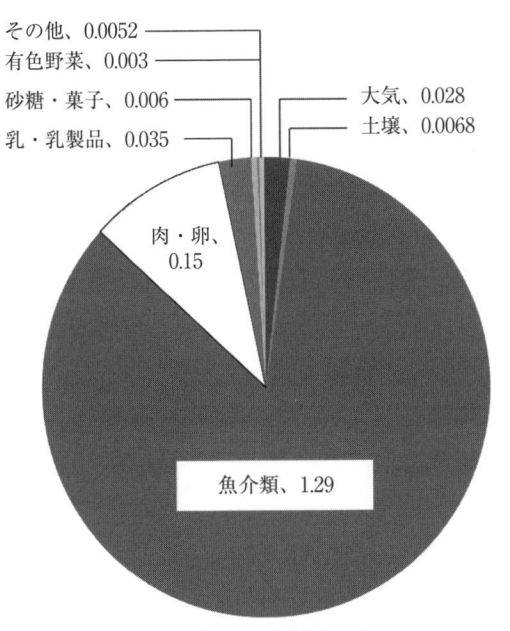

図2.14 日本人のダイオキシン摂取源（pg-TEQ/kg/日）
平成14年度環境省公表データより作成

 ダイオキシンの排出量は高温焼却炉の導入や各種規制によって年々減少していますが、かつて排出された難分解性のダイオキシンは環境中に大量に残存していると考えられます。これらのダイオキシンの浄化が必要ですが、バイオテクノロジーを利用した実用的な浄化方法はまだ開発されていません。

(2) ダイオキシンを分解する微生物

 キノコの仲間の白色腐朽菌の中にダイオキシンのような難分解性の芳香族化合物を分解できるものがあることが知られており、バイオレメディエーションへの利用が検討されています。白色腐朽菌が寄生・分解する木材は、セルロースとヘミセルロース、リグニンより構成されています。
 このうち、リグニンは芳香族化合物が複雑に結合した物質であり、構造的に

ダイオキシンと類似性があります。そのため、このリグニンを分解できる微生物の中に、PCB やダイオキシン、DDT といった難分解性の芳香族化合物を分解できるものがあります。白色腐朽菌は、3種のリグニン分解酵素（ラッカーゼ、マンガンペルオキシダーゼ、リグニンペルオキシダーゼ）を持っており、これらの酵素のリグニン分解作用を利用したダイオキシンなどの難分解性芳香族化合物の浄化が期待されています。

(3) ダイオキシン汚染のバイオレメディエーション

　大成建設㈱は、白色腐朽菌のリグニン分解酵素を利用したダイオキシンと PCB の分解システムを開発したと発表しています。試験では、37℃における 1～5時間程度の撹拌混合によって、80～90％のダイオキシン類の分解を確認したということです。このようなシステムの今後の実用化と普及が待たれます。

　森林総合研究所、きのこ・微生物研究領域、微生物工学研究室では、担子菌類のウスヒラタケ菌を、ダイオキシン類に汚染された土壌混合した液体培地に添加、培養したところ、1カ月後のダイオキシン類の残量がコントロールに比べて減少したと報告しています。このことから、白色腐朽菌だけでなく他の担子菌類もダイオキシンのバイオレメディエーションに利用できる可能性があります。

2.3.3　ポリ塩化ビフェニル（Polychlorinated Biphenyl：PCB）

(1) ポリ塩化ビフェニル（PCB）とは

　ポリ塩化ビフェニル（PCB）は（図2.15）、有機塩素化合物の一つで、ベンゼン環が2つ結合したビフェニルと呼ばれる物質に含まれる水素が塩素に置き換わった化学物質です。置き換わった塩素の数や位置により209種類の異性体

●●●● 2.3 有機塩素系化合物汚染のバイオレメディエーション

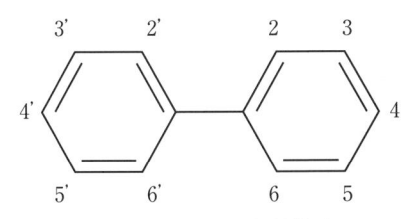

図 2.15 PCB の化学構造
各数字の位置に Cl が 1 ～ 10 個結合する

があり、これらを総称して PCB と言います。PCB は構造上の類似からダイオキシンの一種として扱われる場合もあります。

PCB は化学的に極めて安定な有機塩素化合物で酸、アルカリ、水と反応しません。熱安定性、不揮発性、電気的絶縁性、高沸点、不燃性などの優れた物性から電気機器などの製品に広く利用されていました。しかし、1966 年以降に魚や鳥に蓄積されていることが報告され、その後の調査により地球規模で大気、水、土壌、生物が汚染されていることが判明しました。PCB は脂溶性が大きいため、生物濃縮によって人間の体内に取り込まれて蓄積します。PCB を使用した高圧トランス・コンデンサなどは適切な処理方法がないため、現在でも日本各地の貯蔵施設に保管されたままとなっており、効率的な処理方法の開発が望まれます。

(2) PCB 汚染のバイオレメディエーション

PCB は、多くの研究機関や企業でバイオレメディエーションの検討が進められていますが、高濃度 PCB の実用的な処理方法はまだ開発されていません。

微生物による PCB の分解は、*Achromobacter* や *Pseudomonas*、*Rhodococcus* 属の微生物で報告されていますが、高塩素化 PCB は微生物による分解が困難です。一般的な分解経路としては、PCB 環に酸素が添加され、次に環開裂が起きます。しかし、好気性の微生物の多くは高塩素化 PCB を分解することはできません。嫌気性微生物の中に高塩化 PCB を脱塩素できるものがあること

が知られていますが、効率は低いです。化学処理と組み合わせたPCBの分解方法として、アルカリ条件下で炭素触媒を用いて脱塩素処理を行い、次に微生物処理を行う方法の有効性が確認されています。

㈶鉄道総合研究所（JR総研）では、紫外線と微生物処理を組み合わせた方法によりPCBの分解実験を行いました。PCBとアルコールを反応槽に入れ、紫外線を照射することでPCBの塩素を3〜4つにまで低塩素化し、次に土壌から分離された2種類の微生物を使ってPCBを水と二酸化炭素にまで分解させました。この方法を用いて2,500ppm程度のPCBを紫外線照射と微生物処理により、約5日間で3ppb以下へ低減させたと報告されています。

2.3.4 農　薬

(1) DDTとリンデン

DDT（Dichloro-diphenyl-trichloroethane、図2.16）は有機塩素系の殺虫剤で、発がん性や皮膚障害、内臓障害、ホルモン異常など人間や生態系に対する悪影響が判明しています。1971年5月に農薬登録が失効しましたが、かつては安価で殺虫力が強い農薬として大量に使用されました。有機塩素系の農薬は、極めて残留性が高く、自然界では分解しにくいため、現在でも環境中に他の農薬より高濃度に残留しています。また、脂溶性のため食物連鎖の過程で動物の脂肪組織に蓄積します。殺虫剤のリンデン（BHC:benzenehexachloride）

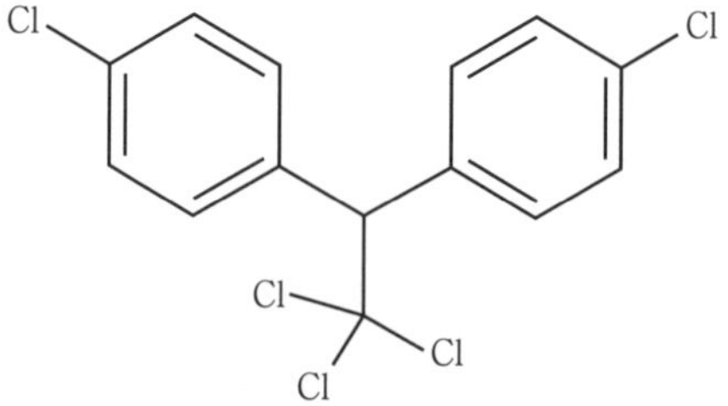

図2.16　DDTの化学構造

もDDTと同様に残留性が高い有機塩素系の殺虫剤で、現在では使用が禁止されています。

(2) 農薬のバイオレメディエーション

　DDTは自然界に存在する多数の嫌気、好気性の微生物によって分解可能なことが知られています。例えば、白色腐朽菌の *Phanerochaete chrysosporium* や *Alcaligenes eutrophus* A5によって分解されます。*A. eutrophus* による分解ではベンゼン環の水酸化とそれに続く開環によってDDTが分解されると推定されています。

　殺虫剤のリンデンを継続的に散布した土壌中から、突然変異によって分解菌の *Sphingomonas paucimobilis* が得られたことが報告されています。この菌のリンデン分解代謝に関係すると考えられる4種の酵素（dehydrochlorinase、halidohydrolase、dehydrogenase、reductive dehydrogenase）の遺伝子が単離され、遺伝子組換えを利用した分解菌の育種も検討されています。しかし、これらの有機塩素系の農薬は、比較的低濃度で日本はもとより世界の広い地域分布していますので、高濃度汚染地域以外では微生物散布による浄化は現実的ではないと考えられています。

2.4　石油類・炭化水素汚染のバイオレメディエーション

2.4.1　石油類による土壌汚染のバイオレメディエーション

(1) 石油類による土壌汚染

　石油類による土壌汚染は、①戦争などによる油井の破壊、②パイプラインな

どからの漏出、③ガソリンスタンドや廃油施設からの漏出、などが主要な原因で起きています。①は特に中東の産油国で問題になっており、③については欧米に加えて、日本でも一部の地域で問題となっています。石油には、脂肪族炭化水素、芳香族炭化水素、含硫有機化合物、含窒素有機化合物などの様々な成分が含まれています。

(2) 石油類汚染のバイオレメディエーション

　石油類を分解する微生物は比較的広く分布しており、各種土壌や海洋においても栄養塩の散布や撹拌（酸素供給）によるバイオスティミュレーションによって浄化された例が多数報告されています。また、人為的な処理をしなくても自然の自浄作用が発揮されやすいために、石油類に汚染された土壌や海洋は時間がたてばきれいになります。

　石油類に含まれる主要な脂肪族化合物は、直鎖状の炭化水素である n-アルカンです。これらは、微生物により末端から順次酸化、分解されます。芳香族化合物のベンゼン環はオキシゲナーゼによって水酸化され、次に開裂酵素によって開裂されて直鎖状の炭化水素になり、末端から分解されます。長鎖のアルカンを分解する微生物として *Acinetobacter* 属、芳香族炭化水素を分解できる微生物として *Pseudomonas* や *Nocardia* 属の菌が知られています。*Pseudomonas* 属の細菌に嫌気的に石油成分を分解できるものが見つかっており、これを用いれば地中の嫌気条件下でも石油のバイオレメディエーションが可能になると期待されます。

(3) 原油汚染土壌の浄化例

　大規模なバイオレメディエーションの実施例として、湾岸戦争のときに原油で汚染されたクウェートの砂漠地域の浄化が有名です。日本の大林組は、1994年度からクウェート科学研究所と財団法人石油産業活性化センターとの共同研

2.4 石油類・炭化水素汚染のバイオレメディエーション

図2.17 原油汚染のバイオレメディエーション
クウェートの原油汚染土壌の浄化作業。水や栄養分を散布して原油を分解した（左）。植物の生育可能な程度に浄化できた土地（右）。本事業は、国際交流センターの委託事業として行われた。
出典：㈱大林組（http://www.obayashi.co.jp/environment/index6.html）

究として、クウェートの原油汚染砂漠地域を対象としたバイオレメディエーションに関する調査・実証実験を実施しました。汚染土壌に化学洗浄法を行い高濃度の原油を低濃度に洗浄したのち、栄養塩と酸素を供給するバイオスティミュレーションにより浄化を行いました（図2.17）。栄養塩に加えて、汚染土壌の保水性を高め、微生物のすみかを与えるために、2.5％容量のウッドチップとコンポストがそれぞれ添加されました。

この試験では、ランドファーミング法とバイオパイル法が試されました。バイオパイル法と比べてランドファーミング法の方が良好な結果が得られましたが、水分含量を8〜10％に保持するためにはより多くの給水が必要でした。いずれの場合も、汚染土壌は植物が生育可能なレベルまでに浄化されました。

2.4.2 原油に汚染された海洋のバイオレメディエーション

(1) 原油による海洋汚染

海洋汚染の中でも最も古くから知られているのが油による汚染です。特に、

船舶事故や海洋油田の事故によって大規模な油流出が沿岸部付近で発生した場合には、漁業、工業、船舶航行といった経済活動の他に、沿岸部の生態系に大きな影響を及ぼしています。

1997年1月に島根県隠岐島沖において発生したロシア船籍のタンカー「ナホトカ号」による大規模な油流出事故では、6240kℓの油が流出して付近の漁業活動、観光産業などに甚大な影響を与えた他、事故当時が荒天のために油回収作業が遅れたこともあって、魚介類や海鳥などの生態系に影響が出ました。

(2) 原油汚染のバイオレメディエーション

炭素数10以下の直鎖状アルカンは限られた微生物が分解できますが、炭素数10以上のアルカンは比較的多くの微生物によって容易に分解されます。海上に流出した原油のバイオレメディエーションでは、栄養塩の投与によってこれらの微生物による分解が促進されますが、そのまま海面に散布した場合には海水中に拡散して、富栄養化などの2次汚染を起こす危険性もあります。そのため、緩効性の肥料を利用したり、栄養塩を徐放化させるためにマイクロカプセル化するなどの工夫も試みられています。

日本では、ナホトカ号による重油流出事故の際に一部の自治体や企業で微生物製剤が使われたのがきっかけでバイオレメディエーションが注目を集めました。ただし、本格的な使用というより小規模な海岸の岩場や砂浜などの実験区での試用が主でした。このときに主に使われた微生物製剤は米国製の製剤、近畿大学と京都府立海洋センターのグループが国内で発見した微生物、大周が保有する微生物などで、いずれも一定の効果が確認されています。

米国製の微生物製剤であるオッペンハイマーフォーミュラ・テラザイムは、テキサス大学のOppen Heimer博士によって開発されたバイオ製剤で、米国環境保護庁に土壌浄化用の製剤として登録されています。安全、無害な微生物製剤とされ、動植物油から灯油などの鉱物油まで各種油を水と二酸化炭素にまで分解し、その後に微生物は死滅するそうです。ナホトカ号による重油流出事

•••• 2.4 石油類・炭化水素汚染のバイオレメディエーション

故では、兵庫県沿岸の岩場で試用されて効果が確認されました。日本での使用の前にも魚類やウニの受精卵を使った安全性試験も行って安全を確認しています。

㈱海洋バイオテクノロジー研究所では、ナホトカ号の重油で汚染された砂利を石川県輪島市の海岸より採取し、実験室内でバイオスティミュレーション法による浄化実験を行いました（図2.18）。

人工的な小規模の海岸を再現した海浜模擬実験装置内で、送水のみの対象区と窒素、リンを添加した処理区で20℃、3カ月間の連続送水して重油の分解を比較したところ、処理区において石に付着している原油が減少するという明確な浄化が認められました。このことは、海洋や海岸には重油を分解できる微生物が生息しており、これらの微生物を活性化させるバイオスティミュレーショ

図2.18 重油汚染のバイオレメディエーション
出典：㈱海洋バイオテクノロジー研究所
http://cod.mbio.co.jp/mbihp/j/topics_j_main.php?topicsno=13

ン法が海洋の重油汚染の浄化に有効なことを示しています。

　2010年4月20日には、米国ルイジアナ州のメキシコ湾沖合80kmで操業していたBP社の石油掘削施設が爆発し、海底の掘削パイプが折れて海底油田から大量の原油が流出するという事故が起こりました。流出した原油は可能な限り回収され、沿岸に残った原油もほとんどは現場の微生物の自浄作用によって数年以内に分解されると予想されています。しかし、原油が分解されても失われた生態系の回復は非常に困難です。

2.4.3　遺伝子組換え微生物によるバイオレメディエーション

　これまで述べたように、自然界に存在する微生物の機能を汚染の浄化に利用するバイオレメディエーションの実用化や研究が行われていますが、天然の微生物を利用するだけでは効率が良いとは言えない場合が多いことも事実です。そこで、遺伝子組換え技術を利用して、微生物が汚染物質を分解・蓄積する能力を強化したり、より扱いやすい微生物に分解・蓄積する形質を付加して利用する研究も行われています（図2.19）。

　例えば、ダイオキシンなどの複雑な芳香族化合物を分解できる酵素を持つ白色腐朽菌は、一般に土壌や水中での増殖性が低く、分解能力も低いためにバイオレメディエーションには利用しにくい菌です。したがって、これらの微生物が持つ分解酵素遺伝子を利用しやすい微生物に導入したり、分解能力を高める研究が行われています。また、高濃度の汚染を浄化するためには、微生物の分解能力だけではなく、汚染物質に対する耐性を高める必要もあります。さらに、悪条件でも分解が進むような特性を微生物に持たせる研究も行われています。

　遺伝子組換え微生物によるバイオレメディエーションを実用化する場合には、遺伝子組換え生物を環境へ放出することになるため、法律に基づく科学的な環境影響調査の実施に加えて、近隣の住民の理解を得る必要があります。しかし、これまでのところ①組換え生物に対する一般市民の不安感に基づく拒否

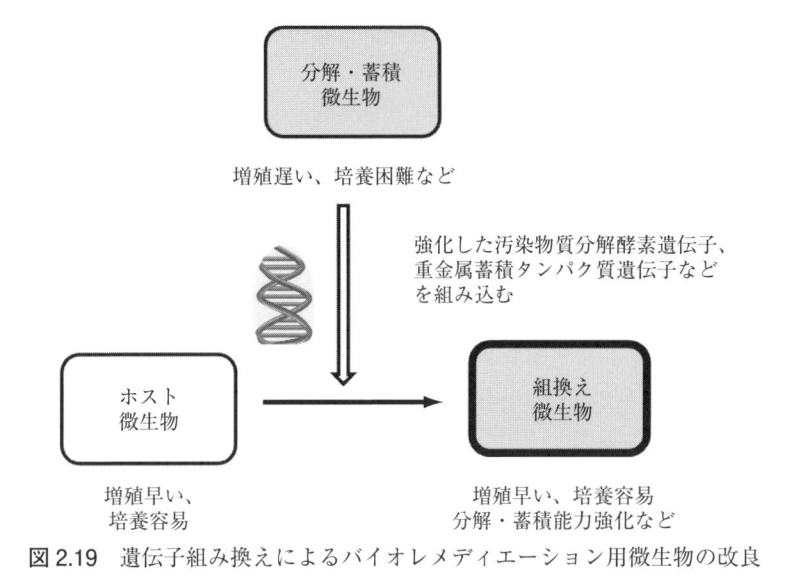

2.5 重金属汚染のバイオレメディエーション

```
        ┌──────────┐
        │ 分解・蓄積 │
        │  微生物   │
        └──────────┘
     増殖遅い、培養困難など
            ↓
                   強化した汚染物質分解酵素遺伝子、
                   重金属蓄積タンパク質遺伝子など
                   を組み込む

  ┌──────┐          ┌──────┐
  │ ホスト │  ──→    │ 組換え │
  │ 微生物 │          │ 微生物 │
  └──────┘          └──────┘
  増殖早い、          増殖早い、培養容易
  培養容易            分解・蓄積能力強化など
```

図 2.19 遺伝子組み換えによるバイオレメディエーション用微生物の改良

反応がある、②微生物が目に見えないために予期せぬ事態が生じた場合に隔離やモニタリングが困難、という理由により実用化された例はまだありません。

開放系（野外）で遺伝子組換え微生物を利用するためにはカルタヘナ担保法に基づいて、いわゆる「遺伝子組換え生物の第一種利用」の手続きが必要です。ちなみに、この法律の主旨は、組換え生物が危険であるから規制するというものではありません。組換え生物を放出する場合には、外来生物の導入の場合と同様に既存の生態系を乱して生物多様性に影響を与える可能性があるため、環境への影響を調査してから利用の可否を判断するという法律です。

2.5 重金属汚染のバイオレメディエーション

日本で規制の対象になっている重金属は、カドミウム、六価クロム、水銀、セレン、鉛、ヒ素です。金属は分解できないので、汚染の浄化としては、除去するか無害な金属化合物に変換する方法が取られます。汚染地域は、その金属

を取り扱っている工場周辺であり、比較的に生活圏に近いという特徴があります。

セレン（Se）

　セレンは複写機の感光体ドラムや、ガラス、太陽電池などの製造に使用されています。規制の対象になった時期は他の金属に比べて新しく、効果的な排水処理などの技術がいまだ開発・実用化の途上にあります。毒性は四価または六価の水溶性の酸化物イオンにあり、ゼロ価のセレンは無毒な固体です。したがって、セレンを含有する排水の処理としては、還元してゼロ価に変換し、固相液相分離によって除去する方法が試みられています（図2.20）。

　ガラス製造工場の排水溝から分離された新種の菌株 Bacillus selenatarsenatis SF-1^T は、嫌気的に水溶性の六価のセレン酸や四価の亜セレン酸を還元して、最終的にゼロ価のセレンに変換する能力があります。この細菌を利用して工場排水を浄化する検討が行われています。密閉の可能な培養容器に細菌と栄養、そしてセレン含有水を入れます。培養容器内の酸素は、しばらく細菌を培養することで、その呼吸によって消費されます。こうして嫌気状態を作り出します。

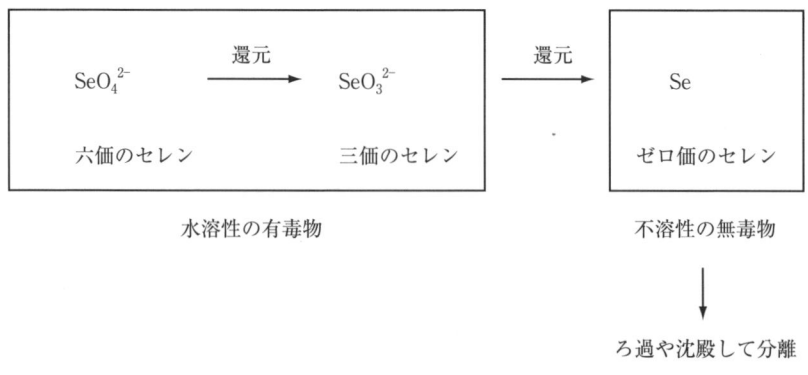

SeO_4^{2-} →還元→ SeO_3^{2-} →還元→ Se
六価のセレン　　三価のセレン　　　ゼロ価のセレン
水溶性の有毒物　　　　　　　　　　不溶性の無毒物
　　　　　　　　　　　　　　　　　　↓
　　　　　　　　　　　　　　ろ過や沈殿して分離

図 2.20　セレンを浄化するイメージ図

2.5 重金属汚染のバイオレメディエーション

　この細菌の特徴は、セレン酸や亜セレン酸を嫌気呼吸の電子受容体に用いることが可能なことです。そこでセレンを還元するには、嫌気的に細胞膜の電子伝達系を作動させて、生じる電子を最終的にセレン酸や亜セレン酸に渡せばよいということになります。そのために細菌に乳酸塩を過剰量与えると、乳酸はピルビン酸に変換されて嫌気呼吸の電子供与体として働くようになります。このような原理によって、40mg/l 程度のセレン酸は5日程度でゼロ価のセレンになり、除去が可能です。

ヒ素（As）

　ヒ素は半導体材料として、半導体素子の製造に使用されています。毒性は三価、または五価の酸化物にあり、ゼロ価のヒ素は無毒な固体です。三価のヒ素（亜ヒ酸）は可溶性で水相に移動しやすいことが知られています。したがって、ヒ素を含有する排水や地下水の処理としては、酸化して五価のヒ酸に変換し、凝集沈殿または吸着によって除去するといった2段階のプロセスからなる方法が試みられています（図2.21）。

　亜ヒ酸を酸化する細菌は、金鉱山の硫ヒ鉄鉱や温泉、ヒ素汚染湖、下水など

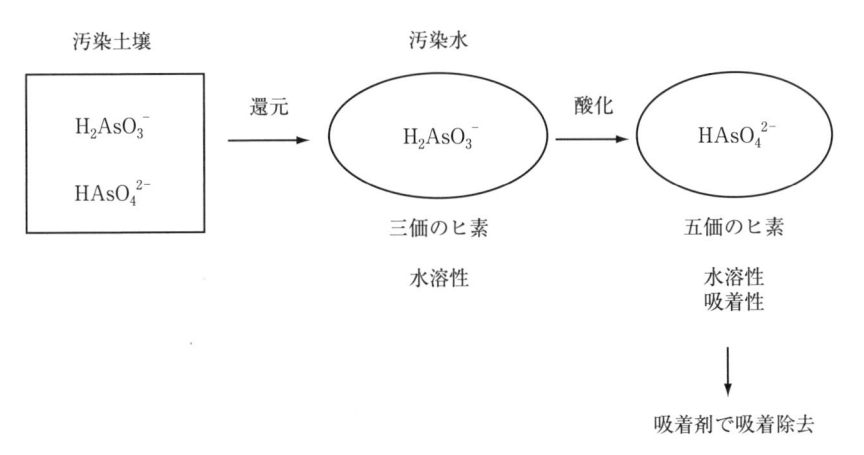

```
汚染土壌                    汚染水
┌─────────┐       還元       ╭─────────╮      酸化      ╭─────────╮
│ H₂AsO₃⁻ │  ─────────→    │ H₂AsO₃⁻ │  ─────────→   │ HAsO₄²⁻ │
│         │                 ╰─────────╯                ╰─────────╯
│ HAsO₄²⁻ │                  三価のヒ素                  五価のヒ素
└─────────┘                   水溶性                     水溶性
                                                        吸着性
                                                          ↓
                                                    吸着剤で吸着除去
```

図2.21　ヒ素を浄化するイメージ図

から分離され、化学合成独立栄養亜ヒ酸酸化菌と従属栄養亜ヒ酸酸化菌の2つのタイプの細菌が存在します。そこで、カラム式のバイオリアクターを用いた亜ヒ酸の酸化が検討されました。金鉱山から得た微生物群集をポゾランと呼ばれるシリカ含有火山灰に吸着固定し、そのカラムに亜ヒ酸含有水を通過させた結果、化学的手法で亜ヒ酸を酸化する方法と同程度の効果が得られています。生成したヒ酸は、水酸化鉄などの適当な吸着剤を用いて吸着除去が可能です。

一方、ヒ素を含有する土壌の処理としては、全てのヒ素を水溶性の亜ヒ酸にして変換して洗い出し、その後に前述のような処理工程を組み合わせる方法が考えられています。ヒ酸を還元して亜ヒ酸を生産する菌株はこのような用途に有望で、*Bacillus* 属、*Desulfitobacterium* 属、*Sulfurospirillum* 属など多数知られています。

六価クロム（Cr^{6+}）

六価クロムはめっき材料として、種々金属やプラスチック製品のクロムめっき皮膜形成に使用されています。発がん性は水溶性の六価の酸化物にあり、水溶性が低い三価の酸化物には発がん性がありません。ゼロ価のクロムも発がん性がなく固体です。日本では、土壌などに浸み込んだ六価クロムの汚染浄化が課題となっています。処理方法としては、六価のクロム酸（クロメート）は三価に変換して、水酸化物などにして沈殿除去するか、吸着除去することが試みられています。

クロメートを還元する細菌は、クロム排水の汚泥や河川の堆積物などから分離されています。特定属種の細菌に偏っていないことや、六価クロムを資化に利用していないことから、この性質は成体防御として働いていると考えられます。細菌によって還元性を示す条件が、嫌気的または好気的の違いがあることも特徴です。また、一部の微生物は、陰イオン性を示すクロメートに静電的に結合します。このような性質は、クロムを回収するのに役立つと思われます。汚染土壌を浄化した施工例では、分離した細菌を使用するのではなく、栄養と

して有機物を土壌に投入して土着の細菌を活性化しました。一部の土壌には有効です。

めっき工場の排水処理施設の土壌から分離した新属新種の放線菌株 *Flexivirga alba* $ST13^T$ は、環境基準値の千倍濃度の六価クロムを還元する、私たちが分離した細菌です。この細菌を利用して、六価クロム汚染浄化法を開発しています（図 2.22）。

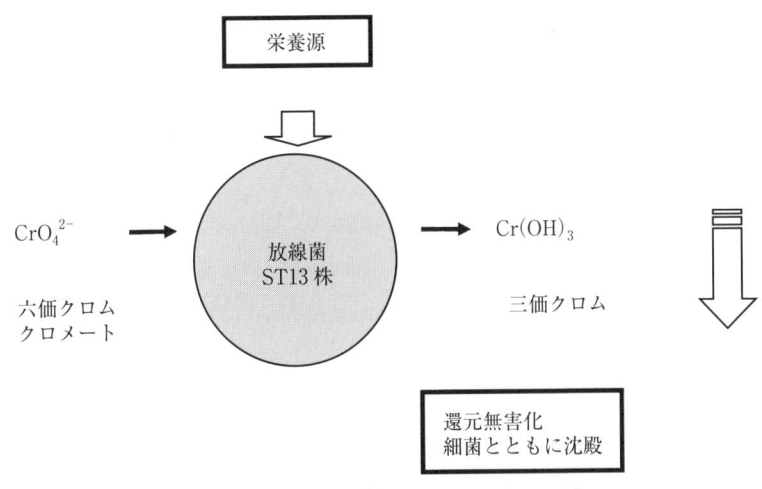

図 2.22　六価クロム除去システムのイメージ

水銀（Ag）

水銀は電気機器や電池の材料として、蛍光灯や電池の製造に使用されています。毒性は金属水銀、有機水銀、無機水銀の全てにあります。したがって、環境から完全に除去する試みがなされています。

水銀耐性を示す細菌が存在します。この細菌は、細胞内に取り込んだ有機水銀を代謝して金属水銀に変換すると、それを細胞外へ気化して放出することができます。この性質を利用して浄化する方法が試みられています。気化した水銀は、冷却することで液体として回収することが可能になります。細菌の水銀

耐性に関わる遺伝子は詳細に調べられており、組換え DNA 技術によって、培養が簡単な水銀耐性大腸菌が作られています。

カドミウム（Cd）や鉛（Pb）

カドミウムは電池の電極材料として、蓄電池の製造に使用されています。毒性は全てのカドミウム塩および化合物にあります。

鉛は電池の電極材料として、蓄電池の製造に使用されています。毒性は全てのカドミウム塩および化合物にあります。したがってカドミウムと鉛は、環境から完全に除去することが試みられています。

重金属を特異的に蓄積する植物が存在します。グンバイナズナ、カラシナ、ヘビノネコザは、カドミウムをよく吸収することから、土壌からの吸収除去が期待されます。そのために、汚染土壌での植物の生育条件が検討されています。また一部の藻類や苔類にも重金属吸着性があるので、これらを大量に培養して吸収させ、最終的に収穫すれば、環境から汚染物を除去できます。ホウ素は重金属ではありませんが、日本では環境規制対象になっている元素の一つです。ホウ素汚染に対しても、植物を利用した除去法が試みられています。

2.6 植物を利用したバイオレメディエーション

2.6.1 ファイトレメディエーションとは

植物を利用したバイオレメディエーションをファイトレメディエーション（Phytoremediation）と呼びます。ファイト（phyto）は植物という意味です。ファイトレメディエーションは、植物が根から水分や養分を吸収する能力を利用して、土壌や水から有害物質を取り除く方法です。また、葉から大気汚染物

質を吸収して浄化する場合や、根圏に生息する微生物などとの共同作業により土壌・水圏を浄化する場合を含みます。ファイトレメディエーションも比較的古くから知られており、例えば葦による水質の富栄養化防止については、古くから研究されて実用化もされています。

ファイトレメディエーションの対象汚染物質としては、重金属（鉛、水銀、カドミウム、亜鉛、銅、ヒ素、ニッケル、ウラニウム、コバルトなど）、石油系炭化水素、有機塩素化合物（TCE、PCBなど）、農薬、栄養塩、放射性物質（ストロンチウム（Sr）、セシウム（Sc）など）、大気中の窒素酸化物などへの応用が検討されており、これらのうちの一部は既に実用化されています。

浄化用の植物としては、重金属に対してはインディアンマスタード、グンバイナズナ、アルファルファ、コムギ、トウモロコシ、セイタカアワダチソウ、ケナフなどが、有機塩素化合物に対してはポプラ、除草剤のアトラジンに対しては牧草のトールフェスクが、栄養塩に対してはホテイアオイ、緑豆、ヨシなどが、放射性物質に対してはマツやトウヒなどが用いられます。

ファイトレメディエーションの特徴はバイオレメディエーションの場合と同様に以下の点が挙げられます。①物理・化学的な浄化処理と比較して処理時間がかかる。②太陽エネルギーを利用して植物の能力によって環境汚染物質を低減する修復技術であるため、省エネルギーで低コストである。③低濃度・広範囲な土壌と水圏の汚染の浄化に適している。③は裏を返せば高濃度の汚染には向かないということでもあります。

2.6.2 ファイトレメディエーションの種類

(1) **ファイトエクストラクション（Phytoextraction）：抽出・蓄積法（図2.23）**

対象汚染物質を吸収・蓄積する能力と汚染物質に耐性を持つ植物を利用して、土壌中の汚染物質などを植物体内に吸収・蓄積する方法です。この方法は、特に重金属に対して適用されます。植物が十分に汚染物質を茎葉に蓄積し

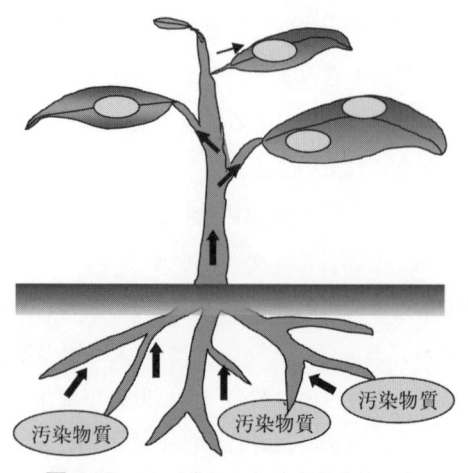

図 2.23　ファイトエクストラクション

た後に、地上部を刈り取ることで汚染物質を取り除くことができ、汚染の程度に応じて植物の栽培と刈り取りを繰り返すことで次第に汚染物質濃度は低下します。刈り取った植物を焼却処分し、灰をコンクリート材料などとして利用したり、場合によっては重金属を抽出・回収して利用することも可能です。

　植物の根からは有機酸のように重金属を可溶化したり、キレートを形成して吸収しやすくする物質が出されている場合もあります。また、根からH^+-ATPase などによって H^+ を放出することで pH を低下させて還元して取り込みやすくします。取り込みには各種のトランスポーター（運搬体）が関与しています。取り込んだ重金属は細胞間隙や液胞などに隔離したり、キレート化などによって無毒化して蓄積しています。

　キレートとは、金属原子を中心として、周囲に配位子（孤立電子対を提供して化学結合する）が結合した構造を持つ化合物（金属錯体）です。また、重金属の蓄積にはメタロチオネイン（metallothionein）やファイトケラチン（phytochelatin）といった重金属結合タンパク質も関与しています。メタロチオネインはヒトを含む多くの生物が持っている重金属結合タンパク質です。ファイトケラチンは $(\gamma\text{-Glu-Cys})_n\text{-Gly}$ ($n=2\sim 11$) という基本構造を持ち、重金

属をキレート化して無毒化するペプチドで、植物の他に藻類、酵母などにも存在しています。

(2) **ファイトスタビリゼイション（Phytostablization）：固定法（図2.24）**

　植物の根や分泌物によって土壌中の汚染物質を吸着・沈殿させることによって、土壌中の汚染物質の溶解・吸収や毒性を低下させて、土壌中での移動、溶出、地下水への進入を防止する方法です。汚染物質を吸着・沈殿するメカニズムとしては、根からの分泌物質による金属イオンの吸着や安定なキレート化合物の形成、植物体内のリグニンによる捕捉などが考えられています。この機能は、埋立地などからの有害物質漏出の防止策などに適していると考えられます。

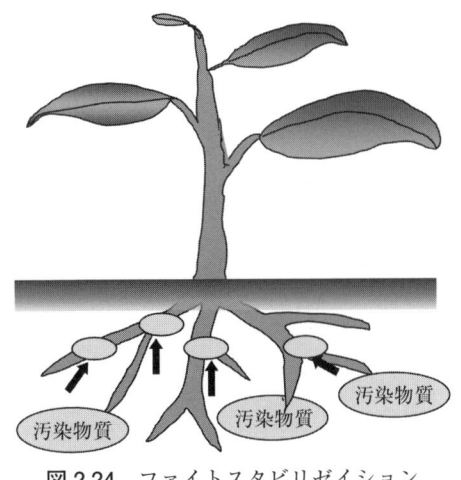

図2.24　ファイトスタビリゼイション

(3) **ファイトボラタイリゼーション（Phytovolatilization）：気化法（図2.25）**

　植物が土壌から吸収した汚染物を体内で気体物質に変換して、大気中に排出する方法です。例えば、ポプラはTCEをtrichloroethanolやdi/trichloroace-

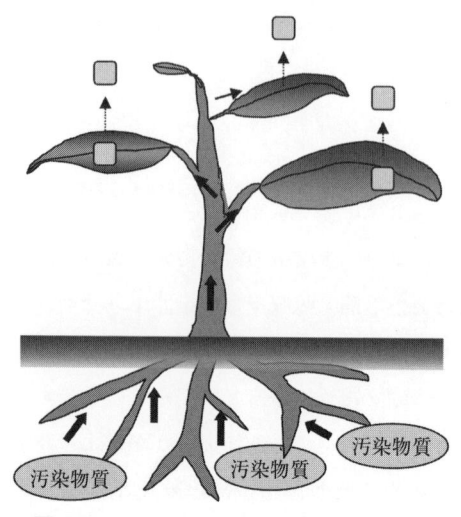

図 2.25　ファイトボラタイリゼーション

tic acid の形に無毒化して、最終的には CO_2 として葉から排出することが報告されています。

(4) **ファイトトランスフォーメーション（Phytotransformation）：分解法（図 2.26）**

　植物体内に取り込んだ有機性物質を分解・無毒化する方法です。無毒化の機構として、エステラーゼ、アミダーゼ、チトクローム P450、グルタチオントランスフェラーゼ、カルボキシペプチダーゼなどの酵素による還元や修飾が報告されています。この方法では、(1)のファイトエクストラクションのように植物体を除去しなくても汚染物質の除去が可能です。

(5) **ファイトスティミュレーション（Phytostimulation）：根圏活性化法（図 2.27）**

　植物の根からはその根圏土壌中の微生物の増殖や活性を促進するような有機酸や酸素などの様々な物質が放出されています。そのため、根圏土壌中の微生

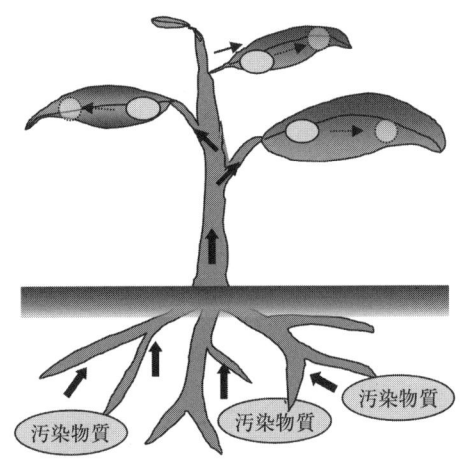

●●●● 2.6 植物を利用したバイオレメディエーション

図 2.26　ファイトトランスフォーメーション

図 2.27　ファイトスティミュレーション

物数は根圏以外の土壌中の微生物数と比べ、非常に多いことが知られており、土壌中の有機性有害物質の分解を促進することができると考えられます。すなわち、栄養塩や酸素を人為的に供給する代わりに植物から供給することで、微生物を活性化してバイオスティミュレーションを行う方法と言えます。また、植物からは多様な分解酵素（エステラーゼ、チトクローム P450、アミダーゼ

など）も分泌されます。これらの酵素の働きによってTNT（火薬）、トリクロロエチレン、PAHs、PCBなど難分解性有機汚染物が分解されることが報告されています。

2.6.3 ファイトレメディエーションの実際

　重金属を植物体内に高蓄積する植物は、ハイパーアキュミレーター（hyperaccumulater）または、ハイパーアキュミレーティング植物（hyperaccumulating plants）と言います。ハイパーアキュミレーターはアブラナ科植物に多く、例えばカラシナやハクサンハタザオが鉛やカドミウムを蓄積することが報告されています。他にも、ソルガムはカドミウムの蓄積能力が高いことが報告されています。内分泌かく乱物質、油成分、農薬、富栄養化の原因物質である窒素やリン酸の浄化にも植物が利用可能です。

　例えば、重金属を含む10種の汚染物質（As, B, Cd, Cr, Cu, Pb, Mn, Hg, Se）の吸収・蓄積能について12種の植物を調査したところ、特にタデ（*Polygonum hydropiperoides* Michx）の根部がクロム（Cr）を2980 mg/kg DW、鉛（Pb）を1882 mg/kg DWという高い含量で蓄積したことが報告されています。

　㈱フジタは、土壌中のカドミウム濃度が高い地域の植物百数十種を探索し、アブラナ科ヤマハタザオ属の植物であるハクサンハタザオ（*Arabis gemmifera*）が、土壌中のカドミウムを高濃度（1000〜2000 mg/kg DW）に蓄積する能力があることを発見しました。ハクサンハタザオは、北海道（西南部）・本州・四国・九州という日本全国に自生しているため、広い範囲で適用が可能であり、仮に浄化に利用した後で野生化しても環境に与える影響は小さいと考えられます。

　また、同社はモエジマシダが20 g/kg DW以上の高レベルの砒素蓄積能力を有することを発見しました。この植物は、1年間で2 kg/m^{2}を超える高いバイオマス生産能力を持つことから、高い浄化能力が期待できます。モエジマシダは多年生植物なので、一度植えれば多年にわたり年に数回の刈り取りが可能な

●●●● 2.6 植物を利用したバイオレメディエーション

ため、ヒ素の蓄積・回収が効率的に行えます。また、同社では、ヒマワリやカラシナを用いた鉛汚染土壌の浄化の実証実験も行っています。

�㈭産業技術総合研究所と㈱小泉は、品種改良技術により土壌から在来品種の1.5〜2倍のカドミウム吸収能力を持つマリーゴールドを開発しました。中外テクノス㈱では、イネ科のホソ麦を使い土中の微生物を活性化して重油などの油汚染を浄化する方法の事業化研究を開始しています。ホソ麦による浄化のメカニズムは、根から、酵素、アミノ酸、有機酸など微生物の増殖を促進する物質が分泌すること、根が土壌の通気性を改善し、微生物の着生場所となることを挙げています。

大阪大学と関西電力は、ポーチュラカ（図2.28）が、内分泌かく乱物質とされているビスフェノールAを分解する能力を有することを発見しました。ビスフェノールAは、プラスチックのポリカーボネートやエポキシ樹脂などの原料で、一部の食品用の容器などに使用されていますが、これが食品に溶け出すと人の健康を害するおそれがある物質です。

図2.28　ポーチュラカ

2.6.4 遺伝子組換え植物によるファイトレメディエーション

遺伝子組換え技術によって、植物の特定の形質を強化したり、別の生物の形質を導入したりすることが可能となりました。この技術を利用すれば、植物の汚染物質を浄化する能力を強化したり、新たな浄化能力を付与したりすることも可能です。ファイトレメディエーション用の組換え植物を作出する研究は既に多数行われています（表2.1）。

動物や微生物のメタロチオネイン遺伝子の導入によってカドミウムなどの重金属を高蓄積し、かつそれらの金属に耐性を示す植物を作出した報告が数多くあります。例えば、電力中央研究所は、タバコで重金属結合タンパク質であるメタロチオネインを発現させたところ、カドミウムの蓄積能力が高まったと報告しています。カドミウムを含む土壌で育てた組換えタバコ中のカドミウム含量は、非組換え植物の1.5〜2倍であり、生育量も有意に大きくなりました。

同様に、植物の重金属結合タンパク質であるファイトケラチンや他の重金属結合タンパク質を高発現させることでも重金属を高蓄積する植物を作ることができます。酵母の持つタンパク質YCF1は、カドミウムを液胞に輸送することで無毒化する機能を持ちます。この遺伝子を導入したシロイヌナズナは、カドミウムに加えて、鉛（Pb）にも耐性を示すとともに、野生型と比べて両金

表2.1 ファイトレメディエーション用の組換え植物に関する研究例

対象物質		導入遺伝子	対象植物
重金属	Cd	メタロチオネイン（MT）	タバコ、カリフラワー
	Hg	mercuric reductase（merA）	シロイヌナズナ、ポプラ
	Cd、Pb	酵母 YCF1	シロイヌナズナ
	Cd、Zn	Cadmium transporter	シロイヌナズナ
	Cd	システイン合成酵素	タバコ
有機塩素化合物	TCE	P450	タバコ
大気汚染物質	ホルムアルデヒド	ホルムアルデヒドデヒドロゲナーゼ	シロイヌナズナ
	ホルムアルデヒド	ヘキソース-6-リン酸合成酵素、ヘキソース-6-リン酸イソメラーゼ	シロイヌナズナ

$$\text{R-CH}_2\text{-Hg}^+ + \text{H}^+ \xrightarrow{\text{MerB}} \text{R-CH}_3 + \text{Hg}(\text{II})$$

$$\text{Hg}(\text{II}) + \text{NADPH} \xrightarrow{\text{MerA}} \text{Hg}(0) + \text{NADP}^+ + \text{H}^+$$

図 2.29　有機水銀の金属水銀への還元

属を多量に蓄積することが報告されています。

　このような組換え植物を利用して、鉛とカドミウムのファイトレメディエーションが可能になると考えられます。また、金属トランスポーターの発現により、重金属を効率的に細胞内に取り込んで液胞や細胞間隙などに隔離することでも、重金属の吸収と蓄積が可能になると考えられます。

　また、微生物の水銀耐性遺伝子 *mer* を利用して、有毒な水銀イオンや有機水銀を、より毒性の低い金属水銀に還元する植物の作出が行われています。有機水銀は、まず organomercurial lyase（*merB*）により水銀イオンに変換され、次に水銀還元酵素（mercuric reductase）遺伝子（*merA*）により金属水銀に還元されと気化します（図 2.29）。

　merA を導入すると二価の水銀を気化して葉から放出させることができます。水銀汚染の場所や程度にもよりますが、微生物と植物のどちらを利用する方がより実用的に浄化できるかについて比較検討する必要があります。また、タバコの葉緑体に *merA, merB* の両遺伝子を導入し、200 μM の有機水銀（phenylmercuric acetate（PMA））に耐性で、水銀を吸収する植物が作出できることが報告されています。

　空気浄化植物としては、シックハウス症候群の主要な原因物質であるホルムアルデヒドを吸収する能力を高めた組換え植物の開発が報告されています。生体内のホルムアルデヒド代謝の鍵酵素であるホルムアルデヒドデヒドロゲナーゼ（FALDH）を強化したシロイヌナズナはホルムアルデヒドの代謝能力が高まったと報告されています（図 2.30）。

　また、メタノール資化性細菌の持つホルムアルデヒド代謝経路を植物に付与してホルムアルデヒドを吸収する組換え植物が開発されています（図 2.30）。

```
┌─────────────┬──────────────────────────────────────────────────────┐
│ 植物の代謝  │  ホルムアルデヒド                                    │
│ 経路の強化  │  デヒドロゲナーゼ                                    │
│             │  の強化                                              │
│             │  ┌──────────────┐   ┌──────┐   ┌────────────────┐  │
│             │  │ホルムアルデヒド│ ⇒ │ ギ酸 │ ⇒ │ 二酸化炭素、水 │  │
│             │  └──────────────┘   └──────┘   └────────────────┘  │
├─────────────┤         ⇓                                            │
│ 微生物の    │   ヘキスロース-6-リン酸合成酵素                      │
│ 代謝経路    │         ⇓                                            │
│ の導入      │   ヘキスロース-6-リン酸イソメラーゼ                  │
│             │  ┌──────────────┐   ┌────────────────────┐         │
│             │  │フルクトース6-リン酸│ ⇒ │カルビン回路（光合成）│  │
│             │  └──────────────┘   └────────────────────┘         │
└─────────────┴──────────────────────────────────────────────────────┘
```

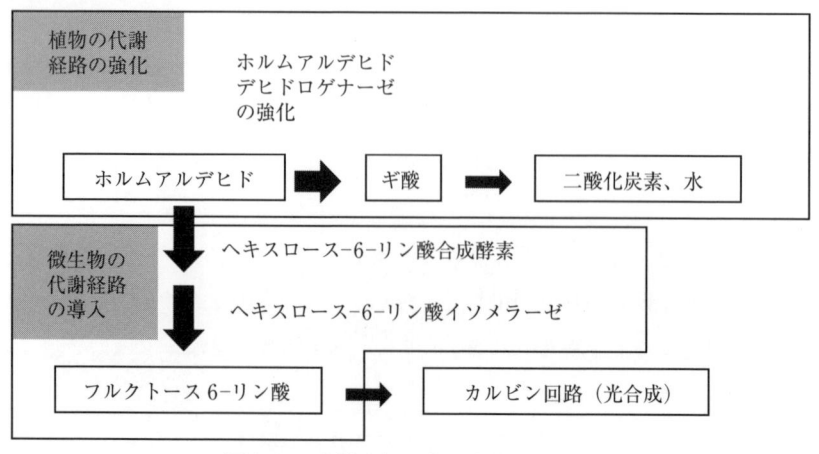

図 2.30　有機水銀の金属水銀への還元

　この細菌のリブロースモノリン酸経路の2種の酵素であるヘキスロース-6-リン酸合成酵素（HPS）とヘキスロース-6-リン酸イソメラーゼ（PHI）を導入したシロイヌナズナは、ホルムアルデヒドをフルクトース6-リン酸（F6P）に転換してカルビン回路に供給するため、ホルムアルデヒドを炭素源として利用することができます。この組換え植物は、通常のシロイヌナズナが枯死する濃度のホルムアルデヒドに耐性になりました。

　微生物の持つダイオキシン分解酵素遺伝子を植物に導入して分解植物を作る研究も行われています。現在では、焼却炉などの排出源対策によりダイオキシンの発生量は抑えられていますが、既に環境中に排出・蓄積されたダイオキシンの浄化には、植物の利用が効果的であると考えられます。東京農工大学・片山研究室では、白色腐朽菌のリグニンペルオキシダーゼがダイオキシンも分解できることを利用して、この酵素遺伝子を植物（タバコ）に導入してダイオキシン分解植物を作製しました。

　遺伝子組換え植物は、既に米国をはじめ多数の国で実用化され、広大な面積で野外栽培されています。また、その面積は年々拡大しています。しかし、その多くは除草剤耐性、耐虫性植物であり、バイオレメディエーション用に開発された組換え植物の実用化はまだありません。しかしながら、近い将来に有効

2.6 植物を利用したバイオレメディエーション

なバイオレメディエーション法として利用されると期待されています。

2.6.5 遺伝子組換えによる環境モニタリング植物（センサー植物）の開発

遺伝子組換え技術を利用して、汚染物質（農薬やダイオキシンなど）を感知して花や葉の色を変える環境モニタリング植物（センサー植物）の研究が行われています（図2.31）。

一般に、センサー植物の作出では、汚染物質に反応して働くプロモーターとレポーター遺伝子を組み合わせて導入します。レポーター遺伝子としては、花であれば各種の花弁色素の合成酵素遺伝子、葉であればアントシアニンなどの色素の合成酵素遺伝子の利用が考えられます。このような遺伝子を導入した植物は、汚染物質に反応して花弁や葉の色が変わることで汚染物質が存在することを知らせてくれます。

サントリー㈱と神戸大学の大川秀郎教授のグループは、土が汚染されると花の色が変化する環境モニタリング植物の基礎技術を開発したと2003年に発表しています。バーベナという植物の遺伝子を組換えて花の色を変える実験に成功しました。土中の有害物質を検知するセンサー技術と組み合わせて実用化のための研究を実施中です。

図2.31　環境モニタリング（センサー）植物

第2章 バイオレメディエーション

　同様に、神戸大学の大川秀郎教授、㊤農業生物資源研究所、㈱豊田中央研究所、サントリー㈱のグループは、動物のダイオキシン受容体（AhR）と花色の抑制遺伝子を組み合わせてダイオキシン類をモニタリングする植物を開発しました。この組換え植物では、受容体にダイオキシンが受容されると花の色素を合成する遺伝子の働きが抑制されます。この遺伝子を導入したペチュニアでは、ダイオキシンが存在する土壌では本来は赤い花が白くなりました。同様に、この遺伝子を導入したトレニアでは、ダイオキシンが存在する土壌では本来は青い花が白くなりました。また、同グループは、同様の手法で女性ホルモンを検知する植物も開発しています。

　特殊な例としては、地雷を感知するセンサー植物の開発が報告されています。地雷も人類が環境中に放出した一種の汚染物質と考えることもできます。デンマークのAresa社は、遺伝子組換えしたシロイヌナズナを使って地中に埋められた地雷を検知する技術を開発しました。この組換え植物は、地雷が発する二酸化窒素に反応して、葉が緑から赤に変わります。このセンサー植物には、二酸化窒素に応答するプロモーターと赤色の色素を合成する酵素の遺伝子が組み合わされて導入されています。この種子を飛行機から播けば、不発地雷がある場所では植物の葉が赤くなります（図2.32）。

　Aresa社は、デンマークの陸軍と共同で2005年にこの地雷センサー植物の試験を行い、3種の異なる型の地雷の上に生育する植物の葉の色が変化することを確認しました。また、クロアチアでも同様の試験を行っており、アフリカ

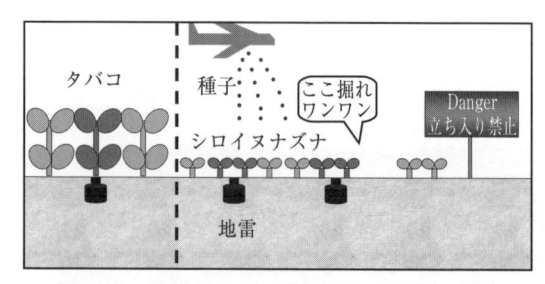

図2.32　地雷センサー植物による地雷の発見

でも試験を計画中です。しかし、シロイヌナズナの葉は3cm程度であり、赤くなっても遠いところから発見することは困難です。そこで、南アフリカのステレンボッシュ大学のグループは、より大きな植物になるタバコに同様の遺伝子を導入して、地雷が発する二酸化窒素に反応して、およそ10週間で葉が緑から赤に変わるタバコを開発しました。このタバコも研究室と温室での実験に成功し、セルビアと南アフリカで圃場試験が行われています。

参考文献・ウェブサイト

1) Computational improvements reveal great bacterial diversity and high metal toxicity in soil. J. Gans, et al.: Science, 309 : 1387-1390 (2005)
2) Effectiveness of bioremediation for the Exxon Valdez oil spill. J. R. Bragg, et al.: Nature, 368 : 413-418 (1994)
3) *Bacillus selenatarsenatis* sp. nov., a selenate- and arsenate-reducing bacterium isolated from the effluent drain of a glass-manufacturing plant. S. Yamamura, et al.: Int. J. Syst. Evol. Microbiol. 57 : 1060-1064 (2007)
4) Arsenic, microbes and contaminated aquifers. R. S. Oremland, et al.: Trends Microbiol. 13 : 45-49 (2005)
5) As (III) biological oxidation by CAsO1 consortium in fixed-bed reactors . J. Michon, et al.: Process Biochem. 45 : 171-178 (2010)
6) 杉山友康：微生物による六価クロム汚染の浄化，メタルバイオテクノロジーによる環境保全と資源回収，42-46項，シーエムシー出版 (2009)
7) *Flexivirga alba* gen. nov., sp. nov., an actinobacterial taxon in the family *Dermacoccaceae*. K. Anzai, et al.: J. Antibiot. 64 : 613-616 (2011)
8) Stimulative Vaporization of Phenyl-mercuric Acetate by Mercury-resistant Bacteria. K. Tonomura, et al.: Nature, 217 : 644-646 (1968)
9) 王効挙ら：埼玉県環境科学国際センター報，第3号，114-123 (2002)
10) 大森俊雄：環境微生物学，昭晃堂社 (2000)
11) 科学技術振興機構：科学技術振興機構報，第639号 (2009)
12) ㈳環境情報科学センター：平成17年度都市緑地を活用した地域の熱環境改善構想の検討調査報告書 (2006)
13) 久保田ら：日本土壌肥料學雜誌，81, 118-124 (2010)
14) 児玉 徹：バイオレメディエーションの基礎と実際，シーエムシー出版 (1996)

15) 大成建設技術センター報：No.39 (2006)
16) 多田雄一：環境バイオテクノロジー改訂版，三恵社 (2011)
17) NEDO：植物の物質生産プロセス制御基盤技術開発事業原簿 (2005)
18) 吉原利一ら：電力中央研究所報告，調査報告 U00022：1-36 (2000)
19) Achkor et al.：Plant Physiol, 132：2248-2255 (2003)
20) Chen et al.：Biosci Biotechnol Biochem, 74：627-635 (2010)
21) Qian J-H et al.：J Environ Qual, 28：1448-1455 (1999)
22) Ruiz et al.：Plant Physiol., 132：1344-1352 (2003)
23) Song et al.：Nature Biotechnology, 21：915-919 (2003)
24) Tada and Kidu：Plant Biotechnol (2011)
25) Urgun-Demirtas et al.：Crit Rev Biotechnol., 26：145-164 (2006)
26) ㈱大林組：http://www.obayashi.co.jp/environment/index6.html
27) ㈱海洋バイオテクノロジー研究所：http://cod.mbio.co.jp/mbihp/j/topics_j_main.php?topicsno=13
28) 環境バイオテクノロジー学会：http://www.jseb.jp/
29) Aresa 社：http://www.aresa.dk/index.php?page=78
30) 環境バイオネット：http://kankyoubio.net/
31) 森林総合研究所：http://ss.ffpri.affrc.go.jp/labs/kouho/seika/2002-seika/27.htm
32) 環境省：http://www.env.go.jp/press/file_view.php3?serial=6577&hou_id=5852#01
33) ㈱バイオレンジャーズ：http://www.bri.co.jp/dojyou_s.html

第3章
水環境の保全

3.1 用水の生物処理技術

3.1.1 緩速ろ過による用水処理

　水の中で見られる化学反応の多くは、微生物などの生物が担う生物化学反応です。化学反応というと、触媒反応や光化学反応などを思い浮かべがちですが、水中での有機物の分解やアンモニアの酸化などは、ほとんどが生物による反応として生じています。ですから、水をきれいにする技術も自然の水中の反応を模倣して、生物による反応を利用したものが多くあります。

　川の水など自然の水を人間が使える水にすることを用水処理と言います。一方、人間が使った水を自然環境に戻す前に人や環境に対して問題ない水質にするために行う処理のことを廃水処理と言います。用水処理と廃水処理が対語で、どちらも、都市に高密度で人が住み、産業活動を行うのに必要不可欠なものです。

　用水処理では、水処理のための敷地が狭くて済み、また雨が降った後の濁った水でも安定に処理できるようにするために、薬品を用いて濁りを固形化して素早くろ過する急速ろ過という処理が日本では戦後、主流になりました（図

3.1)。しかし、緩速ろ過という生物を使った処理も、条件が合えば大変魅力的な技術です。また、緩速ろ過で作られた水は、急速ろ過で作られた水よりおいしいとされています。図3.2に緩速ろ過池の外観を示します。

ここで、急速とか緩速とか、いったいどのようなことを基準に言っているのか疑問に思う読者の方もいるかも知れません。ろ過速度は、ろ過池の面積当たり、単位時間当たり、ろ過される水の量で定義します。急速ろ過では、ろ過池を1日当たり100 m以上の高さの水の柱が通過するような速度でろ過をする技術です。一方、緩速ろ過は、ろ過池を1日当たり数mから10 m程度の高さの水の柱が通過するような速度でろ過をする技術です。同じ浄水場のろ過池の敷地面積でろ過できる水量には、急速ろ過と緩速ろ過では十倍以上の差があ

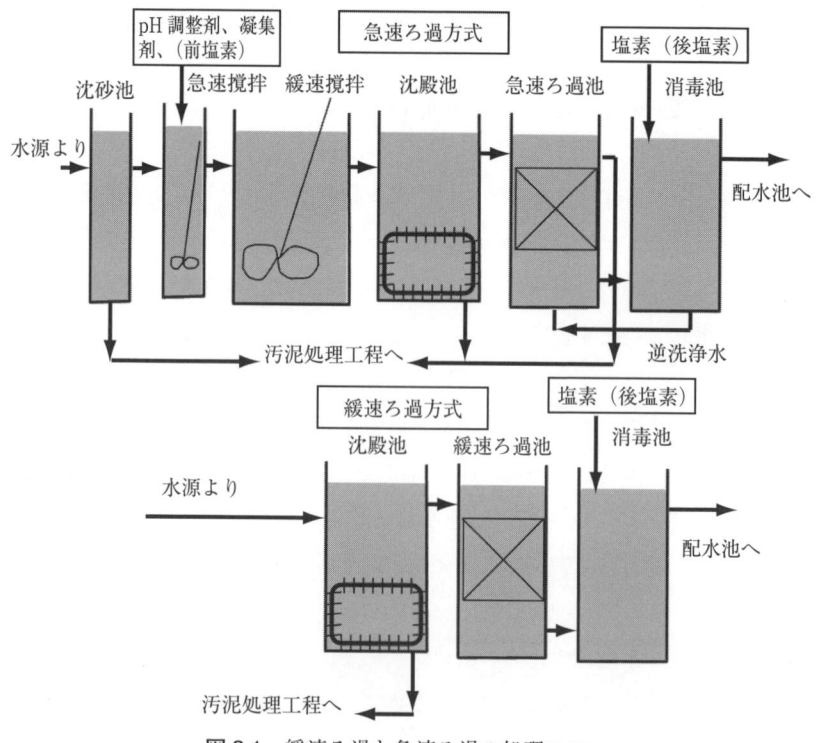

図3.1　緩速ろ過と急速ろ過の処理フロー

図3.2　緩速ろ過池の例

ることが分かります。

　このように敷地効率の悪い緩速ろ過ですが、急速ろ過にない特徴としては、濁質だけではなく、生物の持つ自浄作用によって、水に溶けているいろいろな汚れが、ろ過池に棲む微生物の栄養として吸収され、水質が転換できることが挙げられます。有機物や栄養塩は微生物の増殖のための栄養として摂取され、アンモニアの硝酸への硝化反応も砂の層に棲む硝化細菌によって生じます。

　急速ろ過では、逆洗浄といって、ろ過側から水を逆流させてろ過池で捕捉された濁質を排出しますが、緩速ろ過では人力で表面をかき取るという原始的な方法でろ過池の再生が行われることが多くあります。このかき取り作業を維持管理を任された運転員がサボっていたところ、鉄の除去率がどんどん上昇し、緩速ろ過では維持管理の方法によっては、鉄の酸化により鉄の除去ができることが偶然発見されました。

　鉄やマンガンを含む水を利用しようとすると、赤水や黒水などの原因となることから、原水に含まれるこれらの物質の濃度によっては除去が必要になります。鉄やマンガンの除去は、化学的な方法や空気酸化などによる方法が主流ではありますが、緩速ろ過に近い方法で生物の力を応用した方法の成功例も報告されています。

生物の力を用いた用水処理は、これからも、様々な分野で活躍していくことが期待されています。

3.1.2　生物活性炭処理

昭和50年代から、水道水の異臭味が大きな問題となっていました。また、微生物防護の観点から水道水に義務付けられている塩素消毒の際に、クロロホルムなどの有機塩素化合物が水道原水中の有機物と添加される塩素との間の反応で生成することが確認され、水をきれいにするはずの浄水場で発がん物質を生成していることが問題視されました。クロロホルムの仲間の物質を一括してトリハロメタン類と呼びます。トリハロメタン除去機能や異臭味除去機能を宣伝文句とした浄水器が昭和の末期から平成にかけて各家庭に普及しました。

こうした危険で異臭味のある水道水への市民のイメージを払拭するために、水道事業者は技術開発を進めました。大都市のほとんどの浄水場で採用されている急速ろ過処理では、緩速ろ過処理のように生物の力を用いて塩素と反応する有機物や異臭味物質を除去することはできません。だからといって、急速ろ過を緩速ろ過へ転換することもできませんでした。というのも、ろ過速度を低下させることは、せっかく電車が走れるように整備した線路にもう一度、蒸気機関車を走らせる、という提案に近いものがあるからです。

そこで、オゾンの強力な酸化力で水の中の有機物や異臭味物質を分解するプロセスを付加することが考えられました。図3.3のような装置で空気や酸素富化空気からオゾンを作ります。しかし、塩素処理でトリハロメタンの問題が生じたように、オゾン処理でも何か体に悪い物質が反応副生成物として生成する可能性もあります。実際、臭素酸やアルデヒド類などの生成が報告されていました。

結局、急速ろ過処理にオゾン処理を付加する場合には、図3.4に示すように、後段に生物活性炭処理を付加することになりました。これは、オゾン処理で仮に何かの有害物質が生成したとしても、そうした副生成物質を活性炭で吸

図 3.3　オゾン発生器（左側の円筒形の装置）

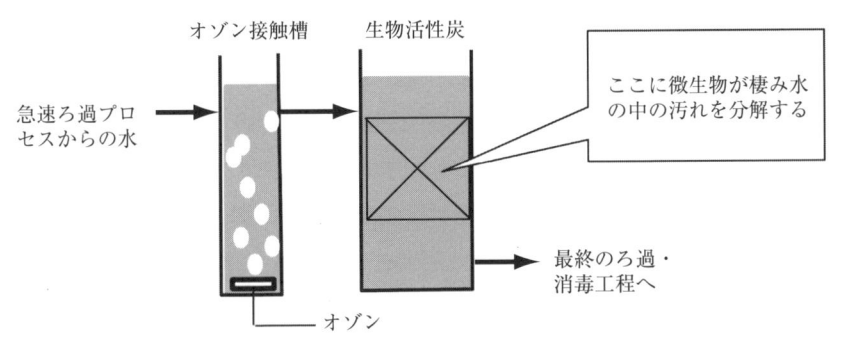

図 3.4　オゾン−生物活性炭法のプロセス

着すると同時に、活性炭層に棲みついた微生物の力で除去しようという考えです。オゾン処理という新技術を取り入れる場合にも生物による処理を最後のバリアーとして処理プロセスとして取り入れるところに水道における安全の考え方の特徴が出ています。微生物が水の中のいろいろな有機物を除去する作用は、近代的な水道技術が生まれるずっと前から行われてきたものですから、これまでの人類の歴史が生物を用いる技術の安全性を証明していると考えたのです。

3.2 廃水の生物処理技術

3.2.1 活性汚泥法の発明

廃水処理の主役は、この100年間、ずっと生物が担っています。バイオテクノロジーを最も古くから、工学的に利用した分野が廃水処理だと言えるでしょう。そして、生物を用いた廃水処理の中核技術が活性汚泥法（Activated Sludge Process）と呼ばれるものです。

活性汚泥法が開発されたのは、1900年頃です。汚水に空気を吹き込んでいると、茶色いふわふわした塊が生じてきます。この茶色の塊を取り出して新しい汚水に加えると、驚くほど速く浄化が進むことが発見され、活性汚泥法が成立しました。当初は、活性汚泥が生物なのか、泥のようなものなのかさえ分かっていなかったので、何か、触媒作用を持った塊という意味で、活性汚泥（Activated Sludge）と命名されました。今日では、この茶色の塊は微生物であることが分かっています。

活性汚泥処理の原理を図3.5に、実施例を図3.6に示します。汚水は、沈殿池から返送される汚泥と混合され、エアレーションタンクで空気が吹き込まれます。エアレーションタンクの中で、汚泥を構成する微生物が増殖し、また呼吸することで、汚水中の有機物が微生物に取り込まれ、酸化分解されます。沈殿池で汚泥は処理水から分離され、沈殿した汚泥はエアレーションタンクに戻され、再度反応に供されます。この際に、一匹一匹の微生物は微細で普通の沈殿では沈殿しないのに、汚泥の返送を続けることによって、フロックという塊を形成する微生物が処理系で卓越し、微生物の塊が沈殿池で処理水と分離するところが活性汚泥法の技術の要です。増殖した微生物の一部は余剰汚泥として系から引き抜かれ、汚泥処理工程へ送られます。

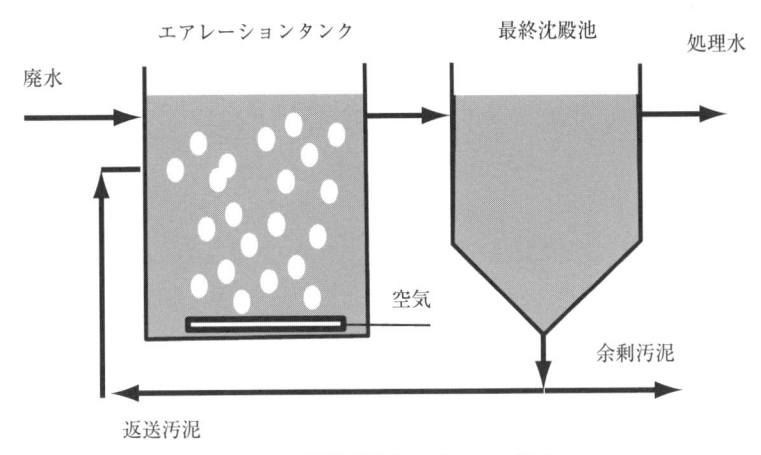

図 3.5　活性汚泥法のプロセス構成

図 3.6　リゾートホテルに設置された活性汚泥処理施設の実例

3.2.2　活性汚泥を構成している生物

　活性汚泥法に代表される空気を吹き込みながら汚染物質を酸化分解する生物を用いた廃水処理方法を好気性処理と呼びます。好気性処理では、廃水処理の

プロセスに自然に定着する菌を混合状態で用います。微生物を利用したプロセスは廃水処理以外に酒やヨーグルトなどの製造プロセスがありますが、これらは、決まった種類の微生物を用いて有用なものを生産しています。ところが、廃水処理では、流入する廃水を滅菌できるわけではないので、どうしても雑菌を用いざるを得ません。

これまで、活性汚泥を構成する微生物はブラックボックスとして扱うしかなかったのですが、最近、分子生物学が発達し、16SrRNAなどをターゲットとした微生物分類法によって、雑菌の正体が少しずつ明らかになってきました。図3.7は生物全体の系統樹を水環境に関わりの深い生物を中心に描いたものですが、プロテオバクテリアというグループの中のβプロテオバクテリアに属

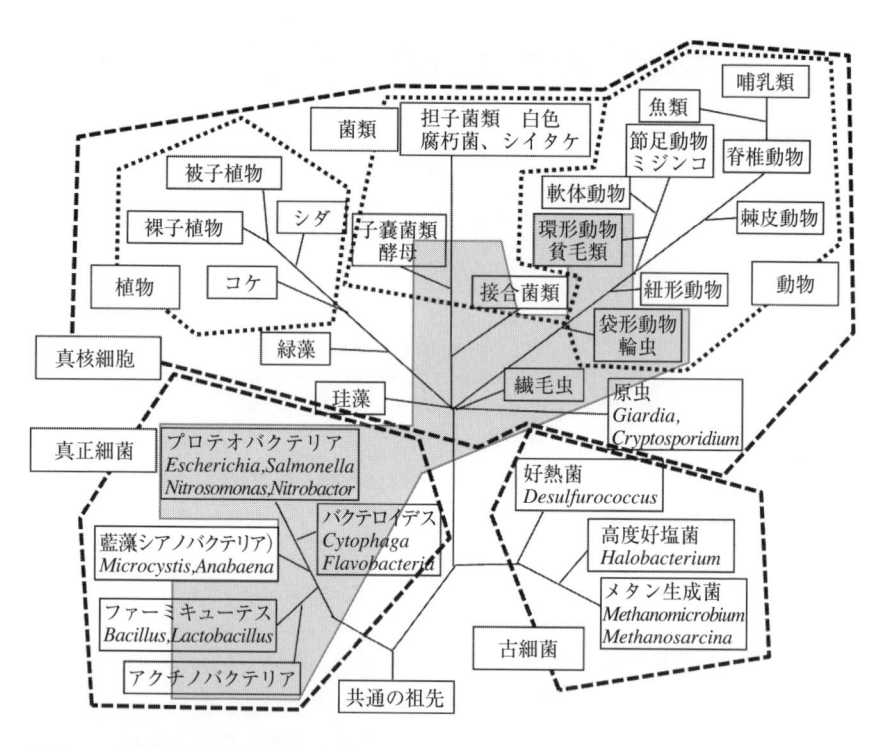

図3.7 水環境に関わりの深い生物を中心に描いた生物の系統樹。中心の網かけ部分が活性汚泥を構成する主要な生物。グループを代表する属をイタリックで記載

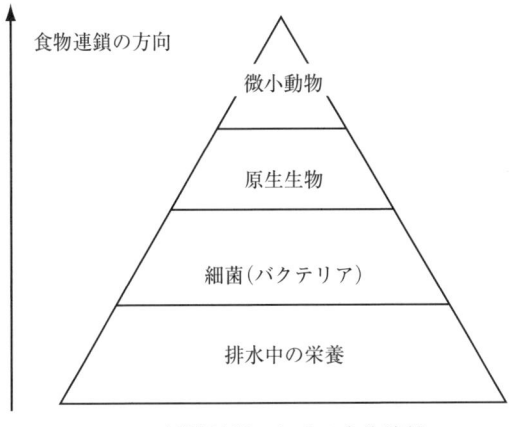

図3.8 活性汚泥における食物連鎖

（ピラミッド図：下から上へ「排水中の栄養」→「細菌（バクテリア）」→「原生生物」→「微小動物」、矢印は食物連鎖の方向）

する細菌が活性汚泥では主役を担っているだろうと考えられています。ただ、1種類の細菌で活性汚泥は構成されているのではなく、多くの生物で活性汚泥は構成されており、真正細菌だけではなく、図3.8に示すように、原生生物、微小動物、菌類の一部まで含んだ複雑な食物連鎖が活性汚泥の中で構築されています。

3.2.3 活性汚泥法の様々な展開

活性汚泥法は、家庭下水や食品工場の廃水など有機性の廃水の処理技術として汎用的な技術です。しかし、いつも同じ形で適用するのではなく、目的に合わせて様々な工夫がされてきました。

大規模な処理では、できるだけコンパクトに小さい容量で大量の廃水を処理できることが必要です。水処理のプラントは、他のバイオプロセスとは比較にならないくらい大規模なもので、東京で稼働している下水処理場の中には、日量100万m^3以上の下水を処理している処理場があります。活性汚泥処理では、だいたい8時間ほど微生物と廃水を接触させる時間を取りますから、100万m^3の下水を1日で処理するためには、33万m^3の大きさの反応タンクが必要

です。これは、深さ3.3 m×縦500 m×横200 mのタンクに相当します。

　このような大規模な処理のために考えられた方法として、図3.9に示すステップエアレーション方式があります。ステップエアレーション方式では、押し出し流れのエアレーションタンクの何カ所かに分けて廃水を注入するのが特徴です。このように分注することによって、エアレーションタンクの流れ方向で、酸素利用効率を均一化でき、活性汚泥が廃水中の有機成分を効率よく摂取することができるようになります。また、有害な排水が流れ込んできた場合にも、廃水が少しずつ混合されるため、活性汚泥への毒性の発現を緩和することができます。

　また、別の方法として、空気を反応タンクに供給するのではなく、微生物の呼吸に必要な酸素だけを供給する酸素活性汚泥法も実用化されています。空気を原料として酸素を作成するのにエネルギーを要しますが、エアレーションタンクへの空気の注入量を大幅に削減でき、場合によっては水表面から溶解のみで酸素を供給できることから、プロセス全体での効率化を図るものです。

　一方、小規模な処理では、エネルギーコストや敷地利用効率の高さよりも、人が常駐せずに安定して処理ができることの方が重要になります。小規模な処

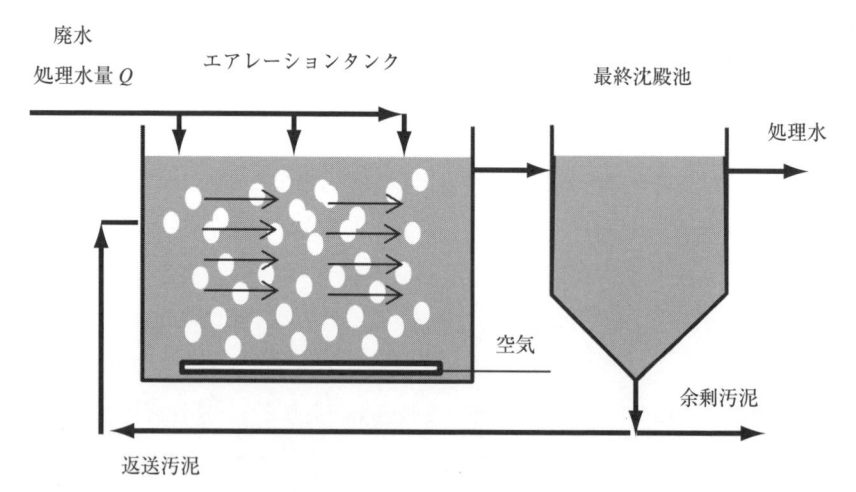

図3.9　ステップエアレーション方式

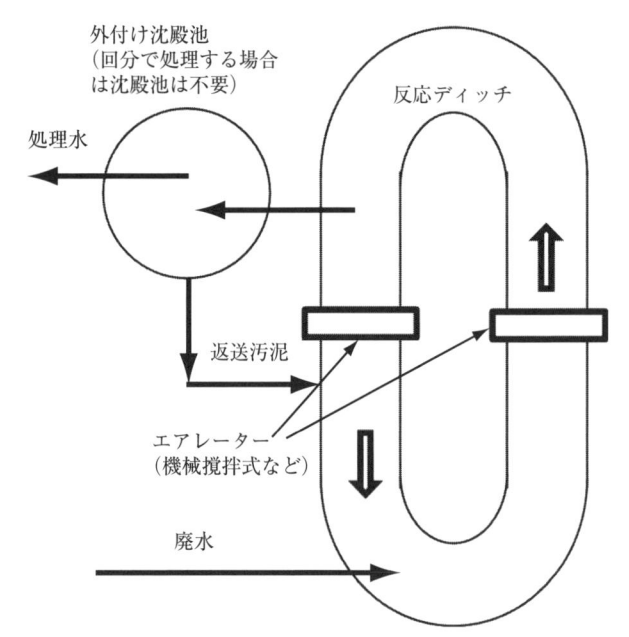

図 3.10 オキシデーションディッチ法

理施設向けに開発された方法として、円形の水路を反応槽とした図 3.10 に示すオキシデーションディッチ法があります。活性汚泥が循環している円形の水路に廃水を流し込む構造となっています。

3.2.4 硝化脱窒法

窒素は、タンパク質などの生命活動に必須の化合物を構成する元素である半面、水環境に多く存在し過ぎると、藻類の異常増殖などを引き起こします。したがって、廃水から窒素成分を取り除く必要がある場合があります。廃水中の窒素を取り除く方法には、化学的な方法もありますが、家庭から排出される下水程度の濃度の窒素を低コストで除去する方法として、活性汚泥法を少し改造して、硝化と脱窒素を生じさせる方法があります。

第3章　水環境の保全

　活性汚泥を構成する微生物の中には、有機物の除去に活躍している従属栄養の細菌以外に独立栄養の細菌がいます。これら独立栄養の細菌の中には、アンモニアを酸化する際に生じるエネルギーで活動しているものがいます。一方、従属栄養細菌の中には、呼吸の際に酸素が存在しなければ、酸素ではなく硝酸を用いて、硝酸から窒素を生成する能力がある微生物がいます。この2種類の生物が持つ力を発揮できるような環境を整えて、アンモニア性窒素を硝酸へ酸化し（硝化反応、Nitrification）、有機物を摂取した細菌が呼吸で硝酸を利用し窒素ガスに還元すること（脱窒反応、Denitrification）で水中の窒素成分を気体の窒素ガスに転換するプロセスが硝化脱窒方式の生物学的窒素除去プロセスです。

　図3.11は硝化と脱窒素の反応を図示したものです。人間はし尿中に尿素として窒素を排泄します。この尿素は比較的簡単にアンモニアに変化します。このアンモニアを硝化させ亜硝酸を経て硝酸へ変化させた後、脱窒素反応によって、亜硝酸を経由して窒素ガスとして水から除去します。

　生物的窒素除去法の代表的プロセスである循環式硝化脱窒法のフローを**図3.12**に示します。標準活性汚泥法との違いは、反応槽が空気を吹き込まない

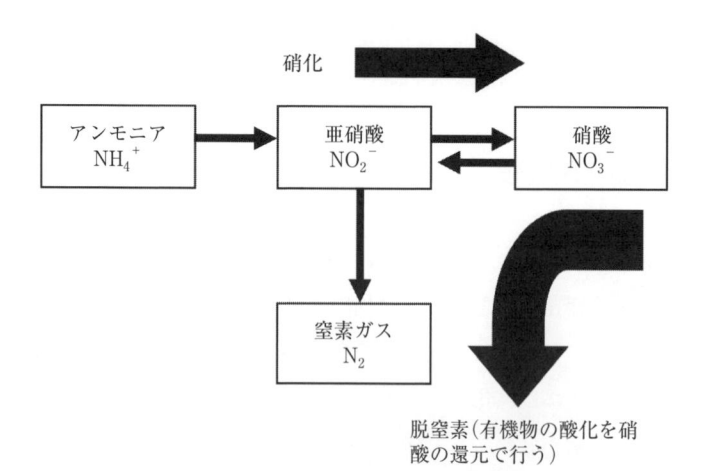

図3.11　硝化反応と脱窒素反応

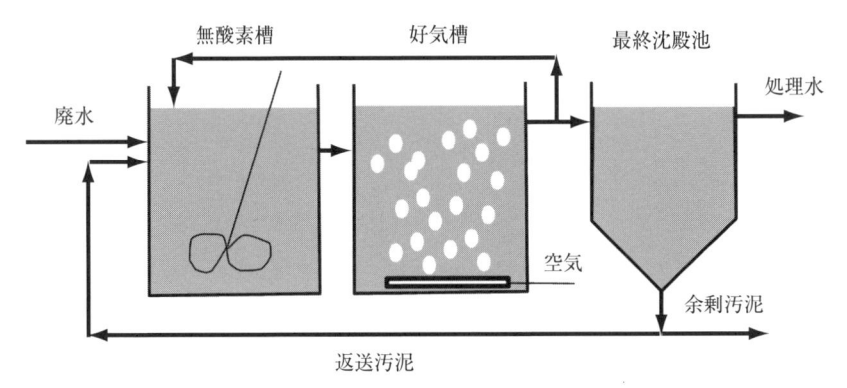

図 3.12 硝化液循環式窒素除去法のフロー

前段と空気を吹き込む後段に分かれていることで、前段では、下水中の有機物が酸素ではなく硝酸を使って酸化分解され、窒素ガスが脱窒素反応で生じます。後段では、アンモニアが硝酸に酸化されます。硝酸に酸化された混合液のかなりの部分は硝化液循環系に入り、前段に戻され、硝酸が脱窒素に使われます。沈殿池では、処理水と活性汚泥とが分離され、沈殿した汚泥は、前段に引き戻される仕組みです。

生物的窒素除去に関与する微生物のうち、脱窒には多くの種類の微生物が関与していると考えられています。一方、硝化に関与する微生物は限られており、いくつかの名前の付いた微生物が反応を行っています。アンモニアが亜硝酸に酸化される反応は、*Nitrosomonas* 属の細菌が関与していることが知られており、亜硝酸が硝酸に転換する反応は、*Nitrobactor* 属、*Nitrospira* 属の細菌が関与していることが知られています。他に、古細菌の *Nitrosopumilus martimus* も硝化能力を有しており、真正細菌の硝化細菌より存在量が多い場合もあるとされています。硝化細菌は、有機物の除去を担う従属栄養細菌よりも増殖が遅いことから、硝化を起こさせるためには、反応槽により多くの微生物をとどめおいて、長い滞留時間でゆっくり処理を行う必要があります。

アンモニアを亜硝酸へ酸化する細菌と亜硝酸を硝酸に酸化する細菌が別種であるという前提に立つと、アンモニアを酸化する細菌だけを働かせて、亜硝酸

までの酸化だけを進め、硝酸を経由せずに無酸素雰囲気下で脱窒を進めることが理論的には可能です。このような亜硝酸型の硝化脱窒が可能になれば、酸化に必要な酸素供給量が低減でき省エネルギーになるだけでなく、脱窒の際に必要となる有機物量も抑えることができます。実際、活性汚泥プラントの操作条件を工夫することによって、亜硝酸型硝化による窒素除去を促進することが研究されていますが、安定したプロセスとして成立することが実証されていません。

3.2.5 アナモックスプロセス

1995年以降、アンモニアの一部を硝化し、アンモニアと亜硝酸とから有機物の投与なしで脱窒する嫌気性細菌を廃水処理プロセスに用いる可能性が実証され始めました。アンモニアと亜硝酸とから窒素を生成する独立栄養細菌が、熱力学的に存在できるとされてきましたが、本当にそのような細菌がいることはこれまで分かっていませんでした。しかし、深海での窒素の収支に関する研究などから、そうした代謝を行う細菌の存在が仮定され始め、廃水処理でもそうした菌を集積培養して用いることができるのではないかと考えられるようになったのです。

アナモックスプロセスでは、除去したい窒素の全量を硝化する必要はなく、原水中のアンモニア性窒素の6割程度を亜硝酸まで硝化したところで硝化を中断し、アナモックス反応をさせます。アナモックス反応の模式図を図3.13に示します。通常の脱窒素とは異なり窒素ガスの生成のために有機物の必要がなく、アンモニアと亜硝酸とから次の反応式によって窒素ガスが生成します。

$$1\mathrm{NH_4^+} + 1.32\mathrm{NO_2^-} + 0.066\mathrm{HCO_3^-} + 0.13\mathrm{H^+}$$
$$\rightarrow 1.02\mathrm{N_2} + 0.26\mathrm{NO_3^-} + 0.066\mathrm{CH_2O_{0.5}N_{0.15}} + 2.03\mathrm{H_2O}$$

アナモックスプロセスでは、代表的窒素除去法である硝化脱窒法に比較し

```
     硝化
 ┌─────┐ ━━━━▶
 │アンモニア│────▶┌────┐
 └─────┘     │亜硝酸│
    │    ↙   └────┘
    ▼   ↙  ⬋
 ┌─────┐     嫌気性アンモニア酸化
 │窒素ガス │
 └─────┘
```

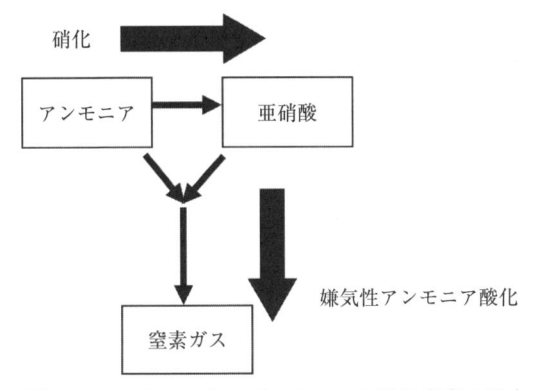

図 3.13 アナモックスプロセスにおける窒素の除去

て、反応タンクへの空気の供給に要するエネルギーが約半分となります。また、通常の脱窒と異なり有機物を必要としないため、有機物は含まないが窒素成分は含むという種類の工場廃水の処理に向いています。また、汚泥の生成量も小さいため、汚泥処理の手間が省けます。しかし、アンモニア酸化細菌のみを卓越させ亜硝酸酸化細菌の活動を抑制する技術や、アナモックス反応を担う嫌気性アンモニア酸化細菌を集積培養する技術に難点があり、残念なことに、アナモックスプロセス実用例は現在のところ極めて限られています。

3.2.6　生物脱リン法

　酸素が不足した状況で硝酸があれば、硝酸が窒素に還元される硝酸呼吸を微生物がすることはある程度生物学の知識から予測できます。したがって、硝化脱窒による窒素除去は開発されて当然の技術であると言えます。しかし、酸素も硝酸もない環境と酸素が含まれた環境を繰り返すことで、リンの放出・過剰な取り込みが生じるということは簡単に生物学の知識から予見できることではありません。活性汚泥法のエアレーションタンクの流入端側で酸素が不足している活性汚泥法の処理場で、微生物中のリンの含有量が高くなる傾向が注意深い観察によって見いだされ、リン除去技術としての嫌気好気法が開発されまし

た。理論的な思索の結果というよりは発見に近い技術です。

　嫌気好気法では、図3.14に示すように、標準活性汚泥法と比較して排水流入端側に嫌気部分がある構造になっています。このような嫌気好気のストレスを微生物に与えることによって、リンを多量に含有する微生物が処理系で増殖し、余剰汚泥としてリンを多量に含む微生物を反応系から引き抜くことによって、リン除去を行うのが嫌気好気法です。

　嫌気好気を繰り返すとなぜリンを微生物が蓄積するようになるのかは、完全に解明されてはいません。リン蓄積微生物は、常にリンを蓄積するのではなく、嫌気槽で一旦蓄積したリンを吐き出し、好気槽でリンを再吸収し、細胞内にポリリン酸として蓄積していることが観察されています。こうしたことから、恐らく、嫌気好気法で優占する微生物は、好気過程でエネルギーをポリリン酸として蓄積しておき、嫌気過程で細胞内に蓄積したポリリン酸を分解してエネルギーを得て生き延び、有機物を摂取し、再び好気過程では、摂取した有機物を代謝することで得たエネルギーを用いてポリリン酸を合成する、ということを繰り返すのだと考えられます。

　一方、このようなポリリン酸蓄積能力を持たない微生物は、嫌気過程での有機物摂取において、ポリリン酸蓄積菌に対して不利であり、活性汚泥を構成する生物群集内での競争に敗れると考えられています。

　生物を利用して窒素やリンの両方の栄養塩を廃水から除去する方法として、

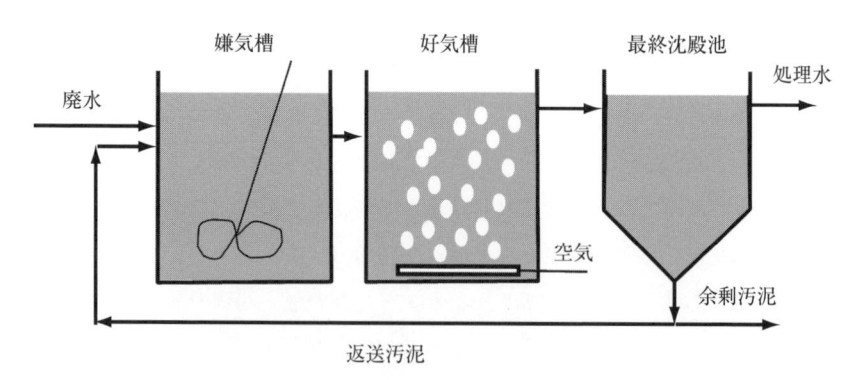

図3.14　嫌気好気法（AO法）の処理フロー

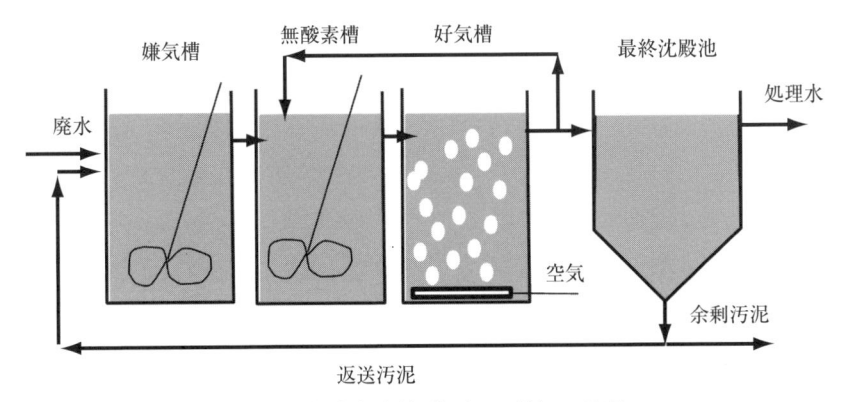

図3.15 嫌気–無酸素–好気法（A_2O法）の処理フロー

図3.15に示す嫌気–無酸素–好気法（A_2O法）が実用化しています。嫌気–無酸素–好気法は嫌気好気法によるリン除去と硝化液循環による窒素除去を組み合わせた方式で窒素とリンの両方を除去します。最終沈殿池で沈殿した汚泥は嫌気槽に戻され、また、好気槽の出口から混合液を無酸素槽に返送します。嫌気槽でリンの吐き出し、無酸素槽で有機物の除去と脱窒、好気槽でリンの再吸収と硝化が生じます。

3.2.7 生物膜法

多少汚れた河川の礫が「ぬるっ」としていたり、家庭用の流しの排水口表面が「ぬるっ」としていることをよく経験します。この、「ぬるっ」としたものの正体は生物であり、生物膜（Biofilm）と呼んでいます。活性汚泥が水に浮遊した微生物を用いているのに対して、表面に固着した微生物を使用する方法が生物膜法です。生物膜の研究は、純粋な微生物学などではテーマとなりにくく、環境工学関係の研究が多いのですが、意外なところでは、歯科分野での研究が進んでいます。

活性汚泥法は、コンパクトさや処理水質で優れた廃水処理方法ですが、一方で、微生物がフロックを形成し、沈殿池で沈降するという偶然に頼った方法で

もあります。菌体が流出しないように汚泥の状態を専門家が管理することが必要です。一方、散水ろ床法、接触ばっ気法、回転円盤法などの生物膜法では、菌体が固体の表面に固定されているので汚泥の流出がありません。負荷変動が大きい場合にも安定した処理が生物膜法では期待できます。

　生物膜の模式図を図 3.16 に示します。生物膜の表面から酸素と有機物などが溶け込み、生物膜の深さ方向に濃度勾配が生じます。生物膜の表面付近では、アンモニアの硝酸への硝化が生じますが、生物膜の深部では酸素が不足し、有機物が存在していれば脱窒素が生じます。生物膜法では、生物膜の深さ方向に様々な生物が場所を変えて棲み分けし、様々な反応が生じることが特徴です。活性汚泥法に比較して、様々な種類の微生物、あるいは原生生物、微小動物が活躍し、食物連鎖が長いことから、汚泥発生量が小さくなります。また、硝化や脱窒反応を生じさせることが、活性汚泥に比べて容易であるという特徴もあります。

　各種の生物膜法による廃水処理技術を図 3.17 に示します。

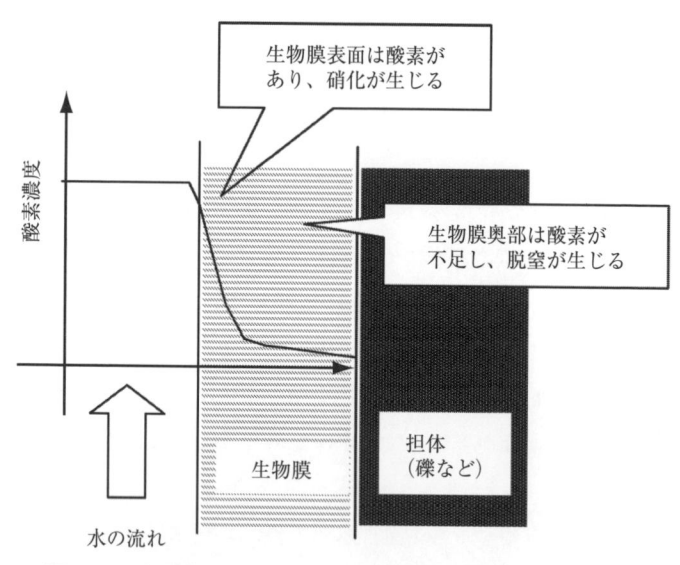

図 3.16　生物膜の深さ方向への酸素濃度の変化と生じる反応

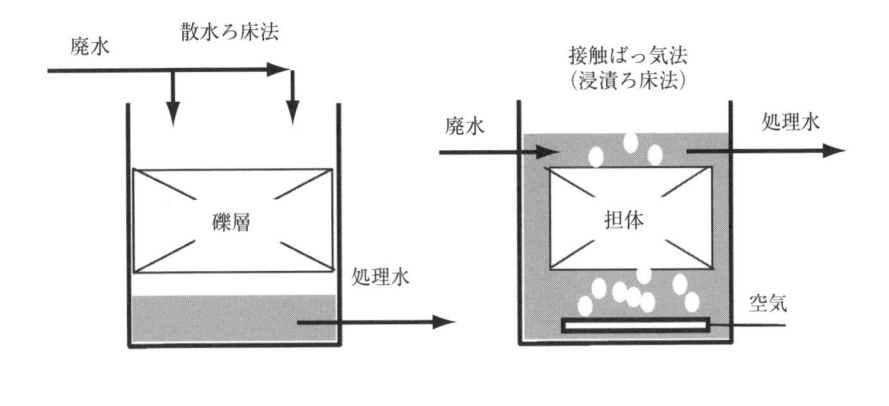

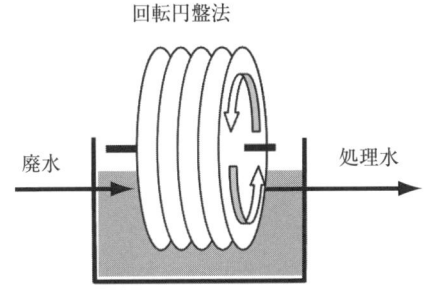

図 3.17 生物膜法（散水ろ床法、接触ばっ気法、回転円板法）のフロー図

　生物膜法の中でも代表的かつ歴史のある処理方法は散水ろ床法です。廃水を礫層の上から散水し、礫表面に付着した生物が排水中の有機物やアンモニアを酸化分解します。酸素は礫層の空隙から自然に供給されます。散水ろ床法は、かつては生物膜プロセスの特徴である維持管理の容易さが評価され、大規模な下水処理に多く用いられていました。しかし、日本では、近年、礫自体の体積が反応に寄与しないため、コンパクトさに欠けること、生物膜が水没していないためハエなどが大量発生すること、活性汚泥に比べて処理水に透明感がないことから、あまり使われなくなりました。消費エネルギーは活性汚泥のばっ気に相当する分が必要なくなりますが、一方で、原水が礫表面を流れ落ちる必要があるので、水のポンプアップによるエネルギーが必要になります。
　日本での浄化槽など小規模廃水処理用途への適応例の多い生物膜プロセスと

して、接触ばっ気法、あるいは、浸漬ろ床法があります。この方法では、生物を付着させる担体を水没させて用います。回転円盤法は、回転する円盤に生物膜を成長させる方法で、円盤が空気中にあるときに酸素を生物膜に供給し、円盤が水没している間に水中の汚染物質を吸収するものです。回転円盤法ではばっ気は必要ありませんが、円盤を回転させる動力が必要になります。

3.2.8 嫌気性処理法

　好気性処理が有用な物質をほとんど生産せず、エネルギーを消費するだけであるのに対して、嫌気性処理（Anaerobic digestion）では、メタンという有用物を廃水から回収でき、また、好気性処理では必須の空気の供給が必要ないことから、消費電力も小さい特徴を持ちます。よりポジティブな面を強調して、嫌気性処理ではなく、メタン発酵法（Methane Fermentation）と呼ぶ場合もあります。このように嫌気性処理は、好気性処理よりも望ましい点も多いのですが、反応速度は好気性生物処理よりも格段に遅く、また、希薄な廃水の処理には向きません。

　好気性生物処理が雑菌を用いており、それぞれの菌の役割分担がはっきり分からないのに対して、嫌気性処理では、各反応段階に寄与する微生物が限定されており、図3.18に示すように逐次反応系を形成します。大きく2つに反応段階は分かれ、前段の酸生成過程では有機物が高級脂肪酸、アミノ酸、糖類、芳香族化合物などを経て酢酸、プロピオン酸、酪酸などの低級脂肪酸に分解されます。続いて後段のガス発生過程では、低級脂肪酸からメタン、水素などを生じます。

　前段と後段の反応は別々の微生物が担っており、両者の反応のバランスが崩れると、メタン生成菌が死滅し処理の立て直しが不可能になることがあります。こうしたメタン生成菌の死滅を防ぐために、2相消化法（嫌気性反応の前段と後段を槽を分けて運転する方法）も開発されています。

　嫌気性処理には、最適な温度範囲が2段階あり、中温消化（37℃付近）と高

```
廃水中の有機物
    ↓
  [酸生成]
    ↓
酢酸、プロピオン酸、酪酸
    ↓
  [メタン生成]
    ↓
 水素、メタン
```

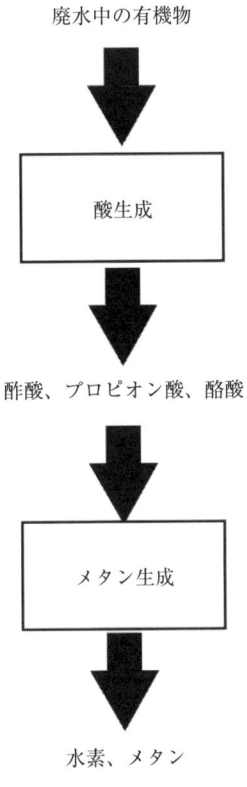

図 3.18 嫌気性処理での反応

温消化（54℃付近）とそれぞれ呼んでいます。両者で関与する微生物も決定的に異なります。自然にこの温度にならない場合には、加温をします。図 3.19 に嫌気性処理の反応タンクの外観の例を示します。好気性の反応タンクのようにばっ気で撹拌できないことから、内部が生成したメタンガスで効率よく撹拌されるように個性的な形をしています。

嫌気性処理には、浮遊微生物を用いた通常の嫌気性処理以外に、汚泥の自己造粒機能を用いた上向流嫌気汚泥床（UASB：Upflow anaerobic sludge blancket）法があります。UASB 法は、リアクター内で通常の嫌気性処理汚泥などを種汚泥として加えて、廃水をゆっくり下部から上部へ向けて流すことに

図 3.19 下水汚泥からの嫌気性消化によるメタン回収のための反応タンク

より、汚泥が集合し、数 mm の大きさのグラニュールを微生物自身が形成することを利用したものです。固化剤や担体を人為的に投入することなしに玉状の汚泥が自然に生成することから、自己造粒と呼んでいます。こうしてできた汚泥は、固液分離が簡単で、高い負荷でもメタンを安定的に生成することから、ビール工場などの廃水処理に用いられています。ビール工場への UASB 適用フローを図 3.20 に示します。まず、UASB 法によって廃水中の有機物をメタンとして回収した後、活性汚泥処理を行い排水基準を満足する水質にまで

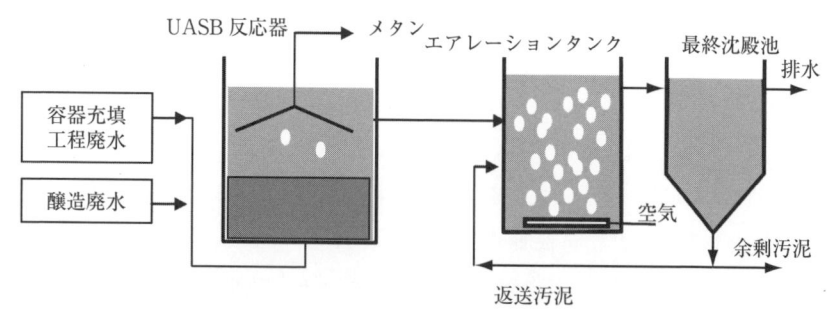

図 3.20 ビール工場廃水の UASB 法による処理の例

処理を行います。

3.2.9 燃料電池を用いた廃水処理

2005年頃から、微生物燃料電池技術を用いた廃水処理技術が注目されています。この方法では、廃水処理と同時にエネルギーを電力として回収できることから、造エネルギー型水処理技術として期待されています。その原理を図3.21に示します。反応槽は陽イオン交換膜で2つに仕切られ、片側で廃水処理を行います。廃水処理側では、有機物の分解を行う際に還元力が余ります。この余った還元力は、$H \rightarrow H^+ + e^-$ という反応式によって、生じた電子が負極側電極に伝えられます。一方、正極側反応槽では、$0.25O_2 + H^+ + e^- \rightarrow 0.5H_2O$ と電子を電極から受け取って空気酸化反応が生じます。この2本の電極間の電位差を外部抵抗で取り出せば、外部で仕事をすることになります。

これまでのところ、濃厚な有機性工場排水を想定した場合に、反応槽容積当

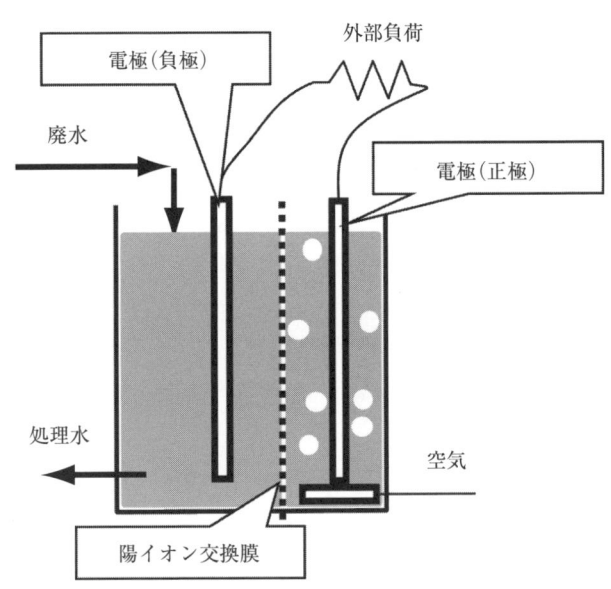

図3.21 微生物燃料電池を用いた廃水処理の原理

たり1 kW/m³ほどの発電が実証されていますが、廃水処理のように大規模な反応器への実用化には装置設計上のブレークスルーが必要とされています。この微生物電池による廃水処理で現れる微生物群集は活性汚泥などとは異なっており、*Geobacter*属や*Shewanalla*属細菌が活躍しているとの知見もあります。これらの細菌は鉄還元反応を行う細菌であり、これまで廃水処理では注目されることが少なかった細菌です。

3.3 公共用水域の直接浄化

3.3.1 礫間接触酸化法

廃水の排出源で処理をするのが環境保全には望ましいのですが、下水道の普及に時間がかかる場所など、河川などを流れる環境水を直接きれいにしたい場合があります。その方法として、図3.22に示すような礫間接触酸化法があります。

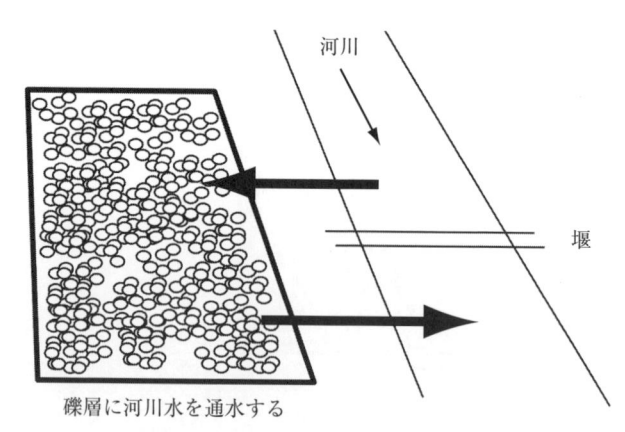

図3.22 礫間接触酸化法の模式図

河川が有機物で汚れていても、少しの汚れであれば、河川に棲んでいる細菌（バクテリア）が汚れを食べることによって、人の手をかけることなく、流れる水がきれいになります。この勝手に水がきれいになる作用を自浄作用と言います。自浄作用の担い手は、河床に棲息する微生物です。

　河川が汚れて、自浄作用が不足している場所では、微生物のすみかを人間が提供してやればよいのではないかということで開発された方法が、礫間接触酸化法です。礫間接触酸化法では、川を流れる水を堰き止めて、河川敷などに掘った処理槽に通水します。処理槽には、川原の礫などを詰めておきます。すると、礫の表面に生物膜が形成され、また、礫の表面に懸濁物質などが接触・付着することによって、水がきれいなるという仕組みになっています。

　有機物が酸化分解するには酸素が必要なので、有機物濃度が高い場合には、酸素の供給のための装置を付加することがあります。また、洪水のときなどに大量の濁水が処理槽に入り込むと処理装置が目詰まりしてしまうことから、洪水のときには、堰を倒して水が処理槽に流れ込まないようにします。

　礫間接触酸化法に似た原理の水の浄化施設として、河床に木炭などを敷き詰めて、微生物の生息場所を提供すると同時に汚れを吸着しようという試みもあります。地域でのボランティア活動として多くの実績がある水質浄化方法です。

3.3.2　湖沼生態系の制御技術

　湖沼など水が滞留する場所で水が汚れていると、藻類が異常に増殖します。海水で藻類が増え過ぎると赤色に着色することが多く、赤潮と呼ばれ漁業被害を生じます。淡水の場合には、緑に着色することが多く、アオコと呼ばれることもあります。

　湖沼や貯水池などで栄養が過多になり、その栄養を利用して藻類が異常増殖したりする現象を富栄養化と呼んでいます。富栄養化が生じると、漁業被害の他、観光被害、水道などに水利用をしている場合には、浄水場のろ過池の閉塞

や水道水の異臭味、アオコ由来の毒素の産生などの問題が生じます。

図3.23に湖沼や海域における食物連鎖を示します。湖沼に窒素やリンなどの栄養塩がたっぷりあると、植物プランクトンが増加します。植物プランクトンは、光合成によって有機物を生産します。これは、考えようによっては汚れが勝手に生成することになるので、河川の自浄作用の反対の用語として湖沼の自濁作用と呼ぶこともあります。そして、植物プランクトンを動物プランクトンが食べ、プランクトン類をさらに魚類が食べる生態系が成立しています。したがって、少しくらい富栄養化するのは、漁獲量が増加するなどのプラスの面があることを忘れてはいけません。

しかし、湖面が緑のペンキを流したような状態で異臭を放つほどの状態は、

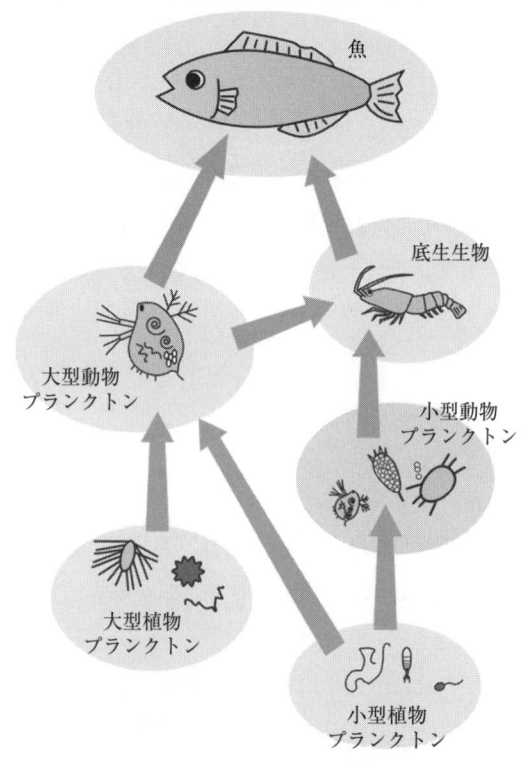

図3.23　湖沼の食物連鎖

好ましくありません。このような状態では、まともな魚も生息できませんし、その水を人間のために利用することもできません。

富栄養化対策として、最も直接的なものは、流入する栄養塩の量を削減することです。しかし、窒素やリンの除去は、有機物の除去に比較して水処理技術としてのコストがかさむこと、また、農業や林業、養殖など1次産業に起因する汚濁負荷量の割合が大きく、単純な廃水処理では栄養塩を削減できないことなどから、簡単ではありません。

直接的な栄養塩の除去以外でいくつかの成功している生態学的な技術の例を紹介します。

一つは、大型動物プランクトンを食べ尽くす魚類を駆除して、大型動物プランクトンを育成する方法です。図3.23の食物連鎖を見て分かるように、大型動物プランクトンが増加すれば、大型あるいは小型の植物プランクトンが捕食され、水面に緑のペンキを流したような状態になるほどの異常増殖は避けることができます。水処理技術というよりは、生態学的な方法で水をきれいにしようという考え方です。

浅い修景用の湖などで有効な方法は、水表面の遮光です。植栽によって水面を暗くし、一部に桟橋や東屋のようなものを作ることにより、光をカットします。植物プランクトンの増殖には光が不可欠で、光合成によって有機物を合成していることから、光が抑制されれば、異常な植物プランクトンの増殖も抑制されます。

ある程度の水深を持つ水道用の貯水池などで用いられている方法として、ばっ気揚水塔という方法があります。植物プランクトンの増殖が盛んな温度の高い夏のシーズンには、貯水池の上には暖かい水、下には冷たい水が滞留し、図3.24（左）に示したように、安定な成層状態となり上層の水と下層の水は容易には混合しません。上層の光の届く範囲の水塊が移動しないことで植物プランクトンの異常増殖が生じます。

したがって、異常増殖を緩和するには、上下方向に水を混ぜ、有光層にある植物プランクトンを底部の無光層に移動させることを繰り返せばよいのです

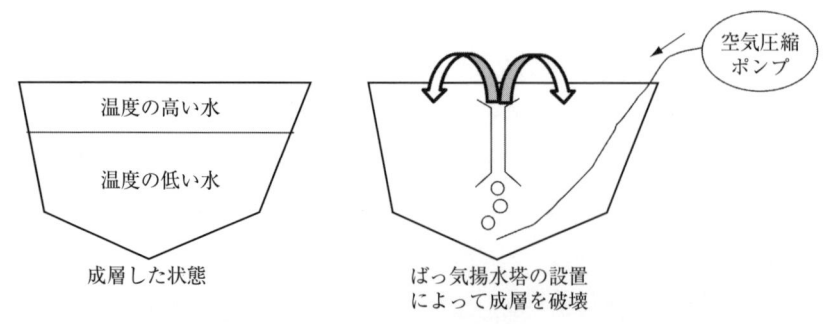

図 3.24 成層した湖の断面図（左）と水質改善のためのばっ気揚水塔を導入した例（右）

が、パドルでかき混ぜたり、ポンプで水を動かしたりするよりも、少ない動力で水を撹拌する方法として、図3.24（右）に示すばっ気揚水塔が開発されました。この方法は、直接、水をきれいにしているのではなく、水を動かすことによって水質改善をしています。植物プランクトンの生態をうまく利用した水質改善技術と言えるでしょう。

第4章
大気環境の保全

4.1 大気環境とバイオテクノロジー

4.1.1 大気の構造

　地球の大気は様々な物質から構成されています。大気を構成する成分で最も多いのは窒素で約78％を占めます。次に多いのは酸素で約21％、これら以外にはアルゴンや二酸化炭素などが占め、これらを全て合わせたものを空気と呼んでいます。空気の成分の割合は世界中どこでもほぼ同じで、また上空80 km付近までは同じです。これ以上高度が高くなると、地球の重力による束縛が弱くなり、軽い分子は宇宙に飛び去ってしまうため、少しずつ空気の成分の割合が変化していきます。

　地球上の大気は80 km付近まで、その成分の割合はほぼ同じですが、高度が高くなるとともに空気は薄くなっています。例えば富士山の山頂付近（3,776 m）の空気の密度は、地上の約66％で、エベレストの山頂付近（8,800 m）では約30％です。そして、上空80 kmでは約0.0017％まで薄くなります。地球の半径は約6,400 kmであることを考えると、大気の層がいかに薄いかが分かります。

第4章　大気環境の保全

　図4.1は地球上での気温と高度の関係を模式的に表した図です。上空18 kmくらいまでを対流圏と呼び、ここでは、私たちがよく知っているように、地表から離れて高度が高くなるとともに、温度が下がっていきます。雨を降らす雲は対流圏内で発生し、雨や風などの気象に関わる現象のほとんどは対流圏内で起きます。

　約18～50 kmまでを成層圏と言い、ここでの気温は、先の対流圏とは反対に、高度が上がれば上がるほど高くなります。これは、成層圏にオゾンがあることが原因です。オゾンは酸素と強い紫外線が化学反応することで生成され、生成されたオゾンは太陽からの強い紫外線を吸収し熱を発することができます。この熱が成層圏の特徴的な温度変化をもたらしています。また、オゾンが強い紫外線を吸収してくれるおかげで、私たち地上の生物は強い紫外線を受けずに生活することができます。

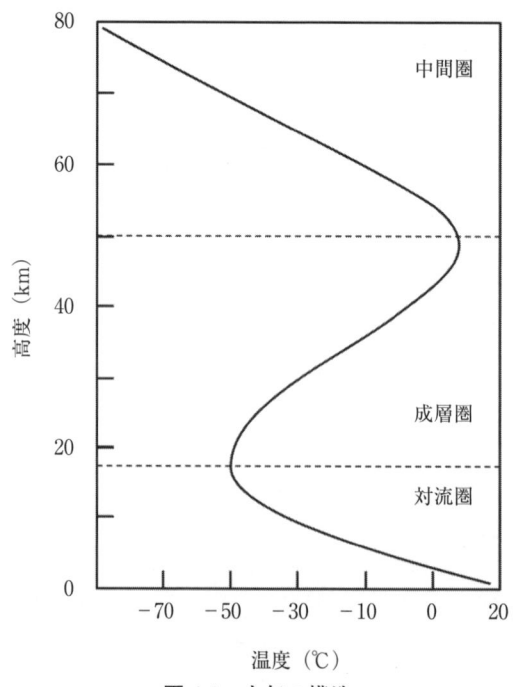

図4.1　大気の構造

もし成層圏のオゾンがなくなってしまったら、地上の生物は強い紫外線にさらされてしまい、生きていくことができなくなるかも知れません。

約 50～80 km までを中間圏と言います。気温の変化の仕方は対流圏と同じですが、ここには空気はほとんどありません。このように、地上の空気はその高さによって様々な特徴を持っていますが、私たちの環境に強く関わってくるのは対流圏と成層圏の大気です。成層圏の上限は高さ約 50 km ですので、地球規模で考えると、その層がいかに薄いかが分かります。この薄い層の中で私たちは生活し、またその生活は、その薄い層内の大気に守られているとも考えることができます。

4.1.2 大気環境の汚染

人間の産業活動に伴う様々な排出物が大気中に放出されています、これが局部的あるいは地球全体を汚染するに至っています。最初は石炭の燃焼に伴う硫黄酸化物（SOx）の発生に始まり、大気汚染だけにとどまらず、いくつかの北欧の湖の酸性化を引き起こし、そこに住む魚類の絶滅を引き起こしています。近年においても、自動車などの排気ガスに由来する大気汚染は依然として存在しており、光化学スモッグの発生や杉の立ち枯れなどの問題が生じています。大気環境の悪化は、最初は地域レベルのものもだんだんに領域を広げ、より広域に環境を悪化させることがあります。これとは別に、地域の環境そのものを悪化させるわけではありませんが、地球環境全体に影響を及ぼすものもあります。代表的な例は二酸化炭素による地球温暖化と、フロンによるオゾンホールです。化石燃料の燃焼に伴い、発生する二酸化炭素は地球温暖化を引き起こします。また、フロンに代表される有機フッ素化合物はその安定性から様々な用途に用いられてきましたが、大気中においては、化合物が紫外線などにより分解する過程で、ラジカル反応によりオゾンと反応し、オゾンを分解する働きがあることが分かってきています。この結果、南極大陸の上空にオゾン層の薄い大気が生じ、太陽からの紫外線をカットする働きが弱くなっており、紫外線に

よる皮膚がんの発生や、生態系への影響が懸念されています。

これらの対策として、SOxやNOx（窒素酸化物）などの汚染物質については、触媒などを用いた分解、安定な化学物質であるフロンなどは製造・使用の禁止、などの対策が取られています。

4.1.3　大気環境とバイオテクノロジー

大気環境における大気の浄化手段としてバイオテクノロジーが応用されてきています。バイオテクノロジーは生物の機能を利用するものでありますから、自然界で起きている全ての生物現象を大気環境の浄化に応用することは可能です。しかし、大量の汚染物質を短時間で処理するのは難しく、少量のものを処理するか、時間をかけて大量のものを処理するかの選択が迫られます。このような状況から、バイオテクノロジーを用いた大気環境の浄化には限りがあり、ここでは悪臭（においの処理）と大量に発生する二酸化炭素の処理を紹介します。

4.2　大気汚染物質とにおいの原因物質

4.2.1　大気汚染物質

日本では第二次世界大戦以後の急速な経済発展に伴い、工場や自動車などからの排気ガスによる深刻な大気汚染が進みました。そこで、環境を保全するために環境基準が定められ、これを受け汚染物質を出さないような努力や科学技術が開発されました。そして、現在ではいくつかの項目を除いては、環境基準を満たすまでになりました。こここでは、環境基準値の設定されている二酸化硫黄、二酸化窒素、一酸化炭素、浮遊粒子状物質、光化学オキシダントの5種

類の汚染物質について簡単に解説します。

　二酸化硫黄は腐った卵に似たにおいがし、硫化水素とともに、火山や温泉地帯から発生するにおいをかいだ経験のある人は多いでしょう。二酸化硫黄は、このような自然を発生原因とするだけでなく、工場などで硫黄を含む石油や石炭を燃焼させたときにも発生します。しかし現在では、低硫黄燃料や脱流装置の普及により二酸化硫黄の排出は基準値を満たしています。

　二酸化窒素は、物質を燃焼させたときに発生する一酸化窒素が大気中でオゾンと反応したり光化学反応によって生成されます。発生源は工場や自動車の排気ガスだけでなく、ビルや一般家庭、自然界からの排出もあります。二酸化窒素は酸性雨の原因になったり、人体に取り込まれるとぜんそくなどの呼吸器に影響を与えたりしますが、自動車の排ガス規制により二酸化窒素の排出は減少しています。二酸化窒素の排出の環境基準は1時間当たり0.04～0.06 ppmまでのゾーン内またはそれ以下であり、近年ではほぼ環境基準が満たされています。

　浮遊粒子状物質とは、大気中に浮遊する直径10 μm以下の粒子状の物質を指します。工場から排出されるばいじんや粉じん、ディーゼル車の排気ガスに含まれる微粒子などがこれにあたります。これらの浮遊性粒子状物質は肺や気管に取り込まれ呼吸器へ悪影響を与えます。

　歴史的に見ると、石炭から石油に燃料が変わったことや、集じん装置の普及により、浮遊粒子状物質による大気汚染は大きく改善されました。近年での浮遊粒子状物質の排出源は主にディーゼル自動車からの排気ガスであり、このため、特に都市部での環境基準値（1日平均値0.1 mg/m^{3}かつ1時間平均値0.2 mg/m^{3}以下）の達成率は郊外に比較し低い数値です。しかし、最近10年間では自動車技術に向上などにより環境基準の達成率は高くなりました。

　光化学オキシダントはオゾンを主とする酸化性物質の総称で、これはメタンを除く炭化水素と窒素化合物が大気中で紫外線により反応して作られます。強い酸化性を持ち、体内に取り込まれると呼吸器へ影響があるとされています。環境基準は1時間値が0.06 ppm以下とされていますが、ほとんど達成されて

いません。

　一酸化炭素は燃料の不完全燃焼が原因で発生する物質であり、酸素よりも血液中のヘモグロビンと強く結合するため、酸素の運搬を阻害し中毒症状を引き起こします。一方で自動車の排ガス規制が進んだため、現在は環境基準値を満たしています。

4.2.2　悪臭の原因物質とバイオ技術を用いた脱臭

　化学物質の中でにおいを持つ物質は約40万種と言われています。このため私たちが通常感じるにおいは、単一の物質のにおいではなく、様々な物質のにおいを感じ取った結果であると言えます。このため、悪臭について考えた場合、その原因となる物質を限定することは一般的に困難です。

　一方、日本では前述の大気汚染物質の規制とは別に悪臭防止法が制定され、現在は22種類の物質が特定悪臭物質として指定されています。**表4.1**は特定悪臭物質の一部を抜粋したので、アンモニアに代表される窒素を含む化合物と硫化水素に代表される硫黄を含む化合物、アルデヒド類、芳香族炭化水素、有機溶剤系炭化水素が含まれています。においの感じ方には個人差があります

表4.1　特定悪臭物質の例

物質名	におい	主な発生源
アンモニア	し尿のようなにおい	畜産事業場、化製場、し尿処理場など
メチルメルカプタン	腐った玉ねぎのようなにおい	パルプ製造工場、化製場、し尿処理場など
硫化水素	腐った卵のようなにおい	畜産事業場、パルプ製造工場、し尿処理場など
硫化メチル	腐ったキャベツのようなにおい	パルプ製造工場、化製場、し尿処理場など
二硫化メチル	腐ったキャベツのようなにおい	パルプ製造工場、化製場、し尿処理場など
トリメチルアミン	腐った魚のようなにおい	畜産事業場、化製場、水産缶詰製造工場など
アセトアルデヒド	刺激的な青くさいにおい	化学工場、魚腸骨処理場、タバコ製造工場など

が、それぞれのにおいを表現したものを表4.1に記しました。

　悪臭の発生場所は畜産場や工場、下水処理場などがあります。また悪臭の発生原因は様々ですが、例えばアンモニアはし尿から発生することが多く、し尿が微生物などで分解される際にアンモニアとなります。また、硫黄を含む化合物のメチルメルカプタンはタンパク質が微生物などにより分解されたときに放出されると言われています。

　悪臭の原因物質を除去するために最も簡単な方法は、活性炭などを利用した原因物質の吸着による除去です。しかし、活性炭が吸着できる物質の量には限界があるため、この方法では、定期的に活性炭を交換する必要があります。そこで、バイオ技術を利用した生物脱臭技術が開発されました。ここでは、特にアンモニアと硫黄を含む化合物の生物脱臭技術について紹介します。

　アンモニアはアンモニア酸化細菌により亜硝酸イオンへと酸化分解され、さらに亜硝酸酸化細菌により無臭の硝酸イオンへ酸化分解されます。したがって、これら2種類の微生物を用いることで、悪臭の原因であるアンモニアを無臭な硝酸イオンに分解できます。同様に、硫黄を含む悪臭原因物質の硫化水素、メチルメルカプタン、硫化メチル、二硫化メチルも微生物を利用して無臭の硫酸まで酸化分解することができます。このとき、微生物としては *Thiobacillus* 属や *Hyphomicrobium* 属の微生物が多く用いられます。

　微生物を用いて悪臭物質を分解するための装置の概要を図4.2に示します。微生物を用いて悪臭物質を分解するためには、一般的に微生物を多孔質のセラミックスなどの担体に固定化します。そして、微生物は一般に水分のないところでは生育しにくいことから、微生物を固定化した担体を緩衝液などに浸します。ここに、アンモニアや硫黄を含む気体状の悪臭物質を通すと、水に溶けやすいこれらの物質は緩衝液に溶け、この結果、固定化された微生物によって酸化分解され、無臭の気体に変化します。この方法では、微生物を固定化した担体を定期的に交換する必要がないため、脱臭にかかるコストや手間を省くことができます。

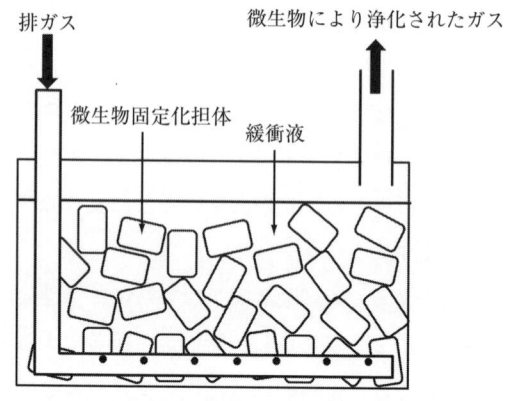

図4.2　微生物を利用した悪臭分解装置の模式図

4.3　地球温暖化とバイオによるCO_2固定

4.3.1　地球温暖化とバイオ

　地球温暖化は様々な物質により引き起こされることが分かっていますが、中でもCO_2は化石燃料の放出に伴い大量に大気中に排出されています。この大気中のCO_2濃度を下げることは、地球温暖化を防止する意味において急務の課題です。生物を用いたCO_2の固定は、生物による炭酸同化作用を利用するものです。このため生物自身が持つ機能を最大限に引き出すことがCO_2固定につながり、安価で簡便な技術として注目を集めるようになってきています。

　ただし、生物は基本的には死滅することにより、再びCO_2に戻るため、CO_2固定の方法としては、その寿命が十分長いことが、CO_2を直接的に固定する意味において重要です。図4.3に示したのは横軸を対数で表した（単位：秒）生物の寿命です。生物が生存している間だけCO_2固定を行うことができるとすれば、化石燃料が続く限り、生物の寿命も必要となります。化石燃料の

●●●● 4.3 地球温暖化とバイオによるCO_2固定

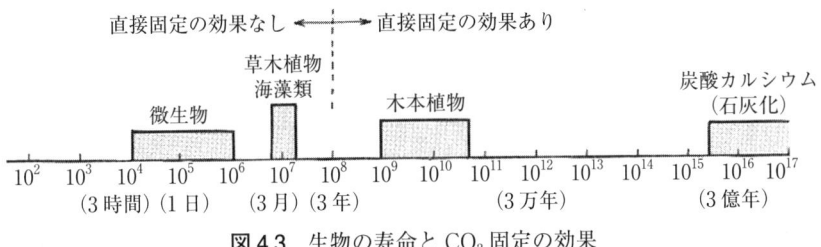

```
直接固定の効果なし ←┊→ 直接固定の効果あり
                    ┊
         草木植物    ┊
         海藻類      ┊                    炭酸カルシウム
   微生物            ┊      木本植物        （石灰化）

10² 10³ 10⁴ 10⁵ 10⁶ 10⁷ 10⁸ 10⁹ 10¹⁰ 10¹¹ 10¹² 10¹³ 10¹⁴ 10¹⁵ 10¹⁶ 10¹⁷
   (3時間)(1日) (3月)(3年)        (3万年)           (3億年)
```

図 4.3　生物の寿命とCO_2固定の効果

寿命は最も長い石炭で約260年と言われており、石油や天然ガスは40年から70年と考えられています。

したがって、100年以上の寿命があれば、実質的にCO_2固定を行うと考えてもよさそうです。この条件に合致する生物は樹木と石灰化生物（珊瑚や貝類）となり、草本植物は寿命が1年に満たないので、CO_2固定の能力はないということになります。ただし、寿命が短い生物であっても、これを有効利用することにより、トータルとして温室効果ガスを減らすことができれば、CO_2削減につながることになります。

4.3.2　植林によるCO_2固定

樹木の成長は炭素をその体内にセルロースとして蓄えることであり、樹木の成長そのものが炭素の貯蔵となるわけです。また、森林の内部、土壌とか腐葉土とかに貯蔵できる炭素の量は、樹木や草花の寿命に関係なく一定の量が蓄えられることから、植林事業はCO_2を固定する手段として重要です。

森林の持つ炭素貯蔵能力は、その森林の種類により異なり、北方のツンドラのような寒冷地では年間蓄えられる量は少ないのですが、あまり分解が進まないため、トータルでは蓄えられる量は多くなります。一方温暖な地方は成長が早いので、年間に蓄えられる量は大きいですが、分解する量も大きいので早く飽和し、トータルで蓄えられる量は小さくなります（**表4.2**）。

このような差異はあるにしろ、大雑把には、地下部の土壌に蓄えられている腐植土に含まれる炭素分を含めて、1 ha当たり400トンの炭素を貯蔵してい

第4章 大気環境の保全

表 4.2 タイプ別森林の炭素貯蔵量

森林タイプ			現存量（トン C/ha）		事例数
			平均（標準偏差）	最小・最大	
熱帯・亜熱帯	天然林	熱帯降雨林	149.5 (69.8)	36.1 – 533.8	119
		熱帯季節林	110.8 (59.2)	15.7 – 199.8	22
		マングローブ林	65.9 (59.9)	12.4 – 158.6	8
	人口林	Lcucaena leucocephala	23.3 (17.4)	4.5 – 52.0	9
		Shorea robusta	96.2 (81.7)	8.9 – 288.8	12
		Tectona grandis	133.2 (110.6)	27.5 – 334.5	6
暖温帯	広葉樹	モリシマアカシア林	41.3 (14.4)	19.5 – 68.9	22
		ツバキ林	84.8 (17.2)	61.6 – 99.9	4
		コジイ林	85.9 (58.7)	23.0 – 211.5	16
		カシ林	156.6 (68.6)	106.9 – 310.5	14
	針葉樹	クロマツ林	22.4 (10.1)	11.0 – 36.6	6
		マツ林 b	53.4 (51.1)	3.4 – 164.9	8
		アカマツ林	58.3 (42.4)	20.7 – 184.5	22
		マツ林 a	75.3 (17.7)	51.5 – 98.0	5
		スギ林	84.8 (53.8)	7.0 – 276.5	48
		ヒノキ林	108.2 (46.5)	31.1 – 179.6	28
冷温帯	広葉樹	カエデ林	60.3 (29.1)	8.2 – 87.3	6
		サクラ林	39.6 (33.4)	12.9 – 87.5	4
		カンバ林	66.9 (52.3)	12.2 – 272.8	26
		モチノキ林	62.1 (37.6)	20.5 – 113.9	6
		ポプラ林	68.3 (62.3)	1.5 – 240.8	14
		ユリノキ林	86.4 (28.8)	63.9 – 118.5	3
		ナラ林	93.5 (56.3)	22.9 – 242.8	43
		ブナ林	109.3 (45.0)	21.6 – 197.9	25
		ハンノキ林	118.8 (84.5)	16.1 – 272.7	9
	針葉樹	マツ林 c	68.4 (37.9)	13.9 – 130.8	7
		マツ林 d	91.4 (61.2)	26.1 – 224.1	9
		セコイア林	1443.9 (518.3)	621.0 – 1844.6	5
亜寒帯	針葉樹	オウシュウアカマツ林	60.4 (38.0)	14.0 – 154.1	18
		カラマツ林	72.8 (27.2)	42.4 – 102.3	5
		トウヒ林	99.3 (69.5)	8.4 – 336.6	59
		モミ林	171.2 (170.6)	41.2 – 911.0	36
		ベイマツ林	199.6 (196.9)	27.0 – 859.1	33
		ツガ林	243.7 (138.2)	16.9 – 472.5	12

1) 本表の値はすべて植物体全体（地上部＋地下部）の現存量である。
2) 付表3の地上部乾重として表示されたデータは、以下の係数を用いて、植物体全体の炭素量に換算した。
　　地上部乾重→地上部＋地下部乾重：1.2；乾物重→炭素量：0.45
a. Pinus echiata, Pinus tacda；b. Pinus radiata, Pinus pinaster；c. Pinus nigra；
d. Pinus strobus, Pinus muricata, Pinus pumila, 他

ると考えられています。したがって、植林することによりそこに炭素を貯蔵することになるわけです。森林は無限に炭素が貯蔵できるわけではなく、ある一定の年月が経つと、極相林と呼ばれるもうこれ以上はCO_2を吸収も放出もしないという状態になります。これが森林の炭素貯蔵限界であり、これがha当たり約400トンの炭素に相当するわけです。

植林事業は日本国内で行うと高価となるので、海外で行われることが多くなります。東南アジアでの植林事業の経験から、1 ha当たり1,000ドル（約10万円）と見積もられているので、植林による炭素貯蔵のコストは地上部だけの炭素貯蔵を念頭においても、10万円/250トンと考えれば、1トン当たり400円相当のコストとなります。

4.3.3 藻類によるCO_2固定

緑藻類は光合成を行いCO_2を貯蔵することができる最も小さな単細胞の植物です。同様に藍藻類もまた、バクテリアに近い単細胞生物です。このような微細藻類は植物と異なり、葉や茎、根などの器官を作る必要がないことから、植物に比べて光合成によりCO_2を固定する速度が格段に速くなります。このため、早くからCO_2固定の切り札として期待されていましたが、CO_2固定産物である増殖した藻類の菌体をどう処理するかが問題となっていました。すなわち、菌体は放置すれば腐敗して、また、元のCO_2の戻ってしまうのです。

したがって、腐敗する前に、菌体を有効利用して、トータルでCO_2を削減する必要が出てくるのです。この方法の一つは、石油成分を細胞内に生産する緑藻、ボツリオコッカスの利用です。現在の化石燃料の石油に代わり、微生物由来の石油を供給しようとする発想です。もう一つは、緑藻類を食料資源の一部として食糧生産を行うことにより、農地から生産される温室効果ガスを軽減しようというものです（図4.4）。一般的な農地から放出される温室効果ガスは、トラクターなどの動力に由来するCO_2、肥料に由来するN_2O、土壌の有機物に由来するCH_4に大別され、これらの総和はCO_2換算で、穀物1トンを

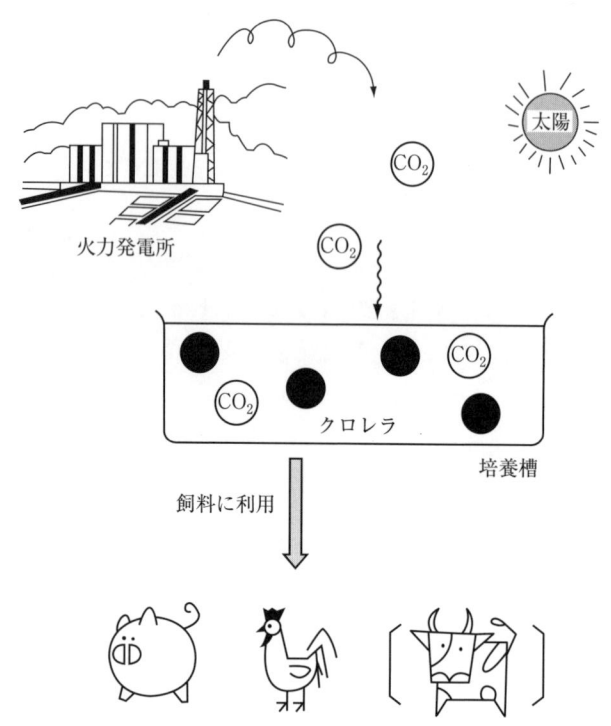

図 4.4 微生物による CO_2 の固定とその利用

表 4.3 年間 1tC の飼料生産を行った際の温室効果ガス放出量

〔単位：tC〕

飼料の種類	投入エネルギー (燃料、電気など)	耕地由来の温室 効果ガス*	総放出量 (CO_2 換算)	代替効果
飼料穀物	0.2	6.4	6.6	—
微細藻類	1.1	0	1.1	5.4
水素細菌	3.0	0	3.0	3.6

* 一酸化二窒素およびメタンガスの温室効果を CO_2 の 210 倍、84 倍と見積もった。

生産するとき、6.6 トンと計算されます。

一方、藻類を大量生産するときに放出される温室効果ガスは主として CO_2 であり、この総和は 1.1 トンと計算されます（表 4.3）。したがって、もし、緑藻類を排出された CO_2 を用いて生産し、穀物の代替とすることが可能なら

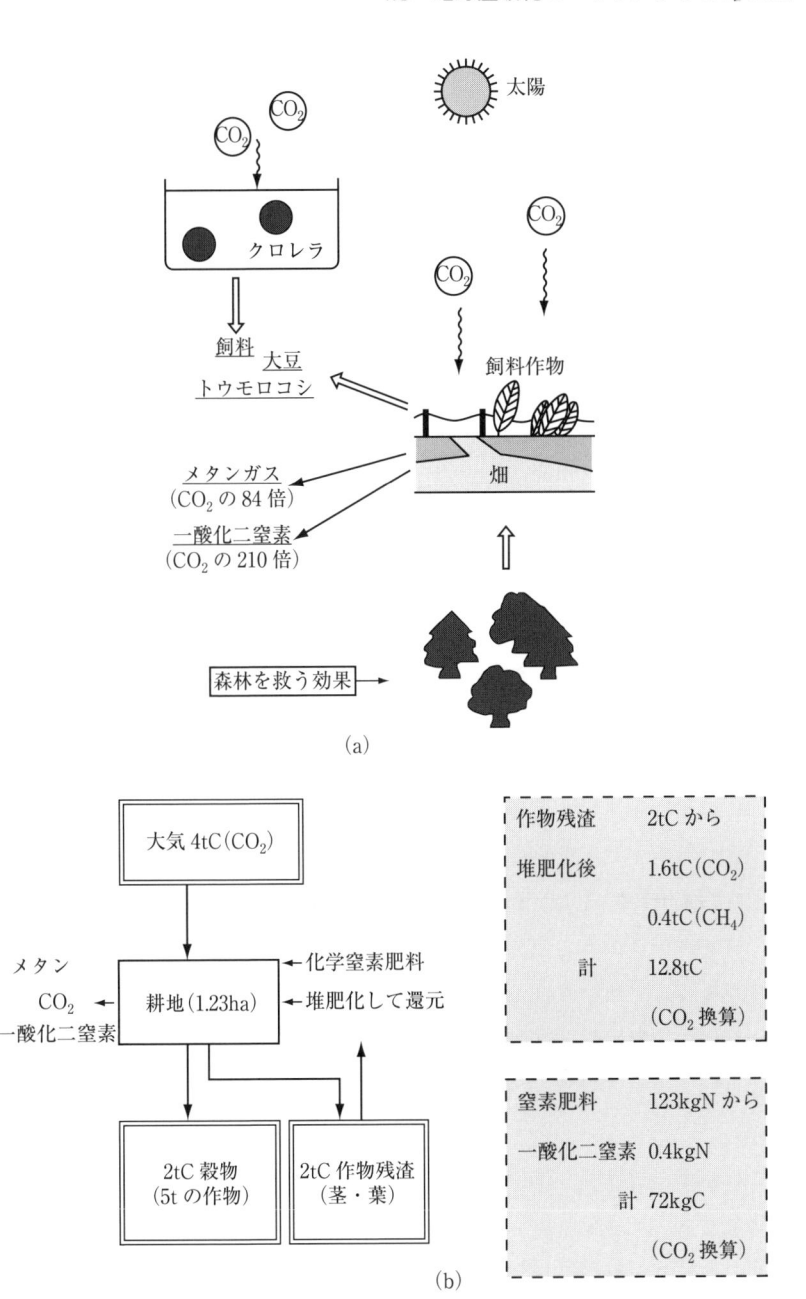

●●●● 4.3 地球温暖化とバイオによる CO_2 固定

(a)

(b)

図 4.5 クロレラを飼料に利用した場合の CO_2 削減効果

ば、緑藻類を1トン生産することにより、温室効果ガスをCO_2換算で5.5トン削減することが可能となります（図4.5）。この方法では、CO_2を固定するためのコストとしては食糧資源の生産となるため、1トン当たり30万円と試算され少し高くつきますが、食糧資源は販売が可能なので、売り上げによりCO_2固定の資金を回収することが可能となり、実質的には固定のコストは0円となります。

4.3.4　海洋の生産性を高めるCO_2固定

　海洋は陸上に比べて大きく、全地球の7割を占めています。しかし、海洋における炭素蓄積量は意外と小さく、約1割しかないとされています。これは海洋における植物の生産性が小さいためであり、これは主として栄養塩類（窒素やリン）の枯渇のためと考えられています。海洋は陸上に比べて炭素の蓄積できる量も相当に大きいことが推定されるので、海洋の生産性を高めて、植物プランクトンを大量に発生させることは、海洋での炭素貯蔵量を大きくすることを意味しています（図4.6）。

　海洋における生産性を高める一つの方法は、窒素やリンを散布することですが、これはあまり現実的な選択とはなりません。費用がかさむ割に、その見返りとなる炭素の貯蔵量がそれほど大きくはならないことが推定さているからです。一方、海洋のある部分は生物生産が高いことが知られています。例えば、カリフォルニア沖などはよい漁場として知られています。これは湧昇流といって、海底の栄養塩類を海面近くまで巻き上げる海流が存在し、これにより、海底に貯留している窒素やリンなどの栄養塩類を巻き上げているためです（図4.6）。

　この結果、湧昇流の存在するところでは、植物プランクトンが繁殖し、この植物プランクトンを捕食する動物プランクトンや、魚類が増えるのです。ところが、湧昇流があるにもかかわらず、生物生産が少ないところが知られています。南極海と太平洋西北域です。植物プランクトンが増殖するためには、窒素

●●●● 4.3 地球温暖化とバイオによるCO_2固定

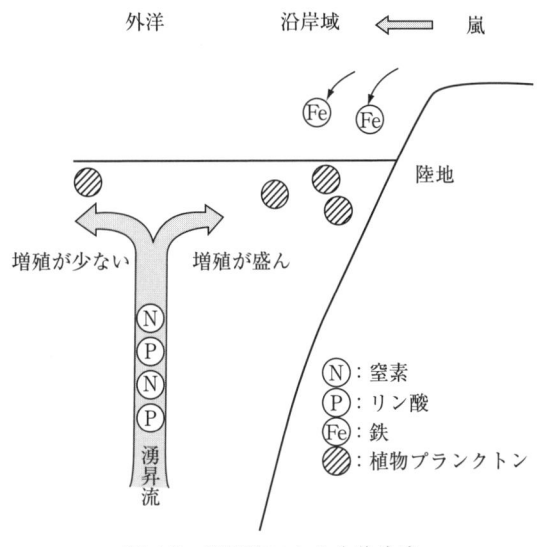

図4.6 湧昇流による生物生産

やリンの他にミネラルが必要となります。特に鉄分は三価の状態ではほとんど水に溶けないために、海洋ではこれが不足することがあります。少量で済むため、例えば沿岸部では地上からの塵や埃とともに鉄分も供給されますが、沖合では供給が不可能となってしまいます。これを解決するために水に可溶な二価の鉄の塩を散布することにより、生産性を飛躍的に高めることが可能となります。

これにより、新たに生産される植物プランクトンの量は炭素換算で20億トンとも言われ、これらの全てが大気中から海洋中に吸収されれば、全地球で放出されるCO_2の約1/3に相当する巨大な量に上ります。植物プランクトンとして固定された炭素が海底に沈む割合は5%とも10%とも言われています（図4.7）。しかし、南極海の場合海底に沈み込む海流の流れが湧昇流とともに存在するので、南極海の場合は生産された植物プランクトンのほぼ全てが海底に持ち込まれる可能性があります。しかも、CO_2固定のコストは、鉄を散布するだけで済むので、炭素1トン当たり僅か70～100円と試算されています。

この方法の特徴は人工的に植物プランクトンを増殖させることであり、赤潮

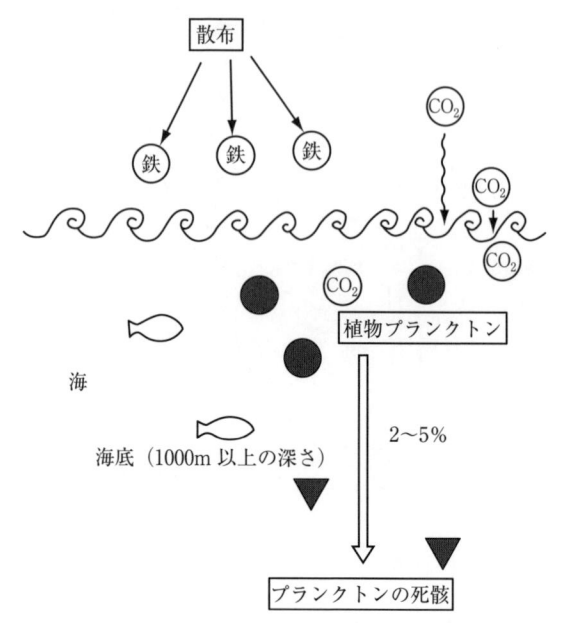

図 4.7　プランクトンの増殖による CO_2 の固定

を引き起こすことに似ています。しかし、海流のある外洋では、植物プランクトンの増殖が直接赤潮に結びつくとは考えられていません。しかし、人為的に膨大な量の CO_2 を海流の中に引き込むこととなり、地球全体でどのような影響が出るかは定かではありません。したがって、実際にこの方法を取る場合は、極めて慎重に行われなければなりません。

4.3.5　バイオによる CO_2 固定のまとめ（他の方法との比較）

　CO_2 を固定する方法や削減する方法はここで紹介した生物的な方法の他に、省エネルギーや炭素税など多くの方法が知られています。この中で、ある程度の効果が期待できて、そのコストが明らかなものとして、CO_2 の海底貯留や地下貯留があります。この方法は発電所などの煙突から排出される CO_2 を直接回収し、これを 3,000 m 程度の深さの海底や、地下の帯水層と呼ばれる地

下水の中に貯留する方法です。海底に貯留する場合は、ほぼ発生する CO_2 の全量を貯蔵することが可能と考えられていますが、海洋は国際的な許諾がない限り、このような目的に使うことはできません。

これに対して、地中に貯留する場合は国内の立地で可能なため、各国で検討されています。石炭や石油、さらには天然ガスを採取した廃坑などが、その候補に上がっています。しかし、地中貯留の場合は地上に出てこないことが条件となるので、その立地には制約があり、日本国内での貯留可能量は52億 CO_2 トンと試算されています。この方法は経済性の試算もされており、海洋貯留の場合で約2500円/1トン CO_2、地中貯留の場合で3,000円/トン CO_2 のコストが技術の目標とされています。

これ以外の代表的な方法としては炭素税による方法があります。この方法では、CO_2 を発生する燃料、例えば石炭や石油に税金をかけて、石炭や石油を使うのが嫌になって、使う量が減るまで税金をかけ続ける方法です。この方法では、産業や生活の基本となるエネルギーに大量の税金をかけるわけですから、経済が大きなダメージを受け、大変な不況となることが予想されています。この方法で削減される CO_2 の量は莫大ですが、一方で経済に与える被害も甚大です。削減できる量と、想定されるGDPの減少量とで、CO_2 削減のコストを試算すると30万円/トンCと言われており、現実的な方法ではないとされています。

生物的な CO_2 削減の方法と、それ以外の代表的な方法を一覧表にしたのが**表4.4**です。これから分かることは、コストの面から言えば、南極や太平洋北東域に鉄を散布して CO_2 を海洋中に引き込むのが最も安価な方法であると言えます。しかし既に述べたように、この方法が地球全体に与える影響は定かではなく、容易には実現することはないと考えられます。次に安価な方法は植林ということになりますが、植林できる土地やその効果には限りがあるため、当面は進められる方法と考えられますが、抜本的な解決策にはならないと考えられます。比較的現実的な手段と考えられているのが、地中処分と海底貯留であり、当面は地中処分の技術を開発しながら、地球温暖化の問題に国際社会と

表 4.4. 各種 CO_2 処分技術の経済性の比較

処分技術	コスト／1 トン当たりの炭素処分
鉄散布による海洋への吸収	100 円
植林	700 〜 1,000 円（発展途上国）
微細藻類による固定と利用	約 30 万円、ただし、固定産物が利用（販売）できれば 0 円
海洋処分	25,000 円
（地中処分）	(18,000 円)
課徴金	240,000 円

して対処するといったコンセンサスが醸成された段階で、海洋貯留に移行するシナリオが考えられます。炭素税による CO_2 排出削減方策は経済的なダメージが大きすぎるために、現実的な方法ではないと思われますが、地球温暖化防止の方策を進めるための技術開発費用を捻出するため、環境税と名前を変えて、薄く広く、それほど経済に悪影響を与えない範囲で徴収することは現実的な方法であり、実際にこれを行っている国もあります。藻類を用いた CO_2 削減技術は実際に排出される CO_2 そのものを削減するわけではないので、トータルとしての効果は現段階では予測できていません。しかし、この後全人類が直面するであろう、食糧不足の問題を解決し得る有力な方法の一つとなる可能性があります。

参考文献

1) 小宮山宏編著：地球工学入門，第 7 章，オーム社（1992）
2) 武田重信ほか：電力中央研究所報国 U91049，海洋性プランクトンを用いた CO_2 の固定（1992）

第5章
放射性物質のバイオリムーバル

5.1　放射性物質

　原子核が放射線を出してより安定な原子核に変わる性質を放射能と言い、この性質を有する物質を放射性物質と言います。天然の放射性物質から出る放射線には、プラスの電荷を持ったヘリウム原子核（α線）、マイナスの電荷を持った電子（β線）、電荷を持たない電磁波（γ線）があり、これらの放射線の放出による原子核の状態変化をそれぞれα崩壊、β崩壊、γ崩壊と言います。放射線の特徴についてまとめたものを表5.1に示します。

表5.1　放射線の特徴

	α線	β線	γ線
構成物質	陽子：2個 中性子：2個 （α粒子、ヘリウム原子核）	電子（β粒子）	波長の短い電磁波
透過力	非常に低い： 紙一枚で遮へい可能	低い： 薄い金属板で遮へい可能	高い： 遮へいには鉛や厚い鉄の板が必要
外部被ばくによる障害の程度	ほとんどない	中程度	強度
内部被ばくによる障害の程度	強度	中程度	軽度

放射線の透過力は、α線＜β線＜γ線の順に高くなり、α線は紙1枚で遮へいできるのに対し、γ線の遮へいには比重の重たい物質（鉛、コンクリートなど）が用いられます。放射性物質はある一定の確率で放射線を放出し崩壊するため、その量が減少していきます。ある放射性物質の量が半分になるまでに要する時間を半減期と呼び、放射性物質ごとに一定の値を取ります。例えば、I-129とI-131の半減期はそれぞれ約1.6×10^7年と約8日であり、同じヨウ素であっても核種ごとに半減期は異なります。

放射性物質は自然界にも存在し、これらは天然放射性物質と呼ばれています。天然放射性物質は私たちの体にも含まれていますが、その量はごく僅かであり、そこから生ずる放射線の人体への影響は無視できます。しかし、外的な要因による多量の放射線の被ばくは人体に影響を及ぼします。人体への放射線影響は、大きく身体的影響と遺伝的影響に分けられます。身体的影響は被ばくしたその人本人に現れる影響で、さらに急性影響と晩発影響に分けられます。急性影響は被ばく後短時間で現れる影響で、被ばくした線量に応じて**表5.2**のような症状が現れます。晩発影響は被ばく後ある程度の潜伏期間を過ぎてから現れる影響で、白血病、がん、放射性白内障などがあります。

表5.2　放射線による急性の影響（γ線全身照射）

吸収線量(Sv)	症状	備考
0.25	臨床症状ほとんどなし	
0.5	リンパ球の一時的な減少	
1	吐き気、嘔吐、全身倦怠、リンパ球の著しい減少	
1.5	放射線宿酔　50%	放射線を浴びた結果、二日酔いと似た症状が現れるのを放射線宿酔という
2	白血球の長期的な減少	
4	死亡　30日以内に50%	この線量を半致死線量という
6	死亡　14日以内に90%	
7	死亡　100%	

5.2 放射性物質による環境汚染

　人工の放射性物質が環境に放出された事例としては、福島やチェルノブイリなどの原子力発電所の事故、核兵器生産施設や核燃料サイクル施設での事故・漏えい、核実験など様々なものがあります（**表5.3**）。これらのうち最も深刻なケースは原子力発電所の事故によるものです。活動中の原子炉の燃料棒内には、ウランの核分裂に伴って生じる核分裂生成物や超ウラン元素（ウランより原子番号が大きい元素）が含まれています。これには様々な放射性物質が含まれ、半減期がごく短時間のものもあれば数万年以上のものもあります。

　事故により、原子炉の閉じ込め機能が失われた場合、こうした核分裂生成物の中でも揮発性のヨウ素やセシウムは他の核種に比べて大量に大気中に放出され、主要な汚染物質となります。放出された放射性物質は大気の流れとともに広範囲に広がり、やがて地表へ降り注ぐことになります。表5.4に原子炉事故により最も多く放出される核種であるI-131およびCs-137の特徴を示します。I-131の半減期は約8日と短いため、放射能は比較的早く減衰し、1カ月程度で初期の放射能の約6%になります。したがって、I-131は事故直後の被

表5.3　放射性物質による環境汚染の主要な事例

場所	施設名など	発生年	放射性物質の放出・汚染の概要
福島、日本	原子力発電所	2011	冷却機能喪失。炉心溶融、水素爆発。放射性ヨウ素、セシウムなどを放出。
チェルノブイリ、ウクライナ	原子力発電所	1986	炉心溶融の後爆発。大量の放射性物質を放出。
スリーマイル島、米国	原子力発電所	1979	冷却材喪失。一部炉心溶融。放射性希ガス、ヨウ素などを放出
ハンフォード、米国	軍用原子炉、核燃料施設	1944〜1990	炉心冷却水の放流。放射性ヨウ素の放出。低レベル廃液の地中処分。高レベル廃液の漏えい。
テーチャ川、旧ソ連	再処理施設	1948〜1956	再処理で生じた高レベル廃液を希釈して放流。

表5.4 I-131およびCs-137の性質

	I-131	Cs-137
崩壊形式	β/γ崩壊	β崩壊
半減期	約8日	約30年
崩壊生成物	Xe-131	Ba-137
環境中の挙動	単体ヨウ素、有機ヨウ素、エアロゾルとして大気中を移動。	エアロゾルとして大気中を移動。土壌に強く吸着。
人体への影響	甲状腺に蓄積し、甲状腺がんを誘発。	筋肉に蓄積。

ばく線量に大きく寄与します。

一方、Cs-137の半減期は約30年と長く、またセシウムは土壌に多く吸着する性質があり、土壌中に長く滞留すると考えられます。特にある種の粘土鉱物はセシウムを他の陽イオンに比べて非常に強く結合します。これはこの粘土鉱物が薄いシート状の層を積み重ねた構造をしており、その層と層の間の負電荷のスペースがCs^+を閉じ込めるのにちょうどいい大きさを有しているためです（図5.1）。このように、地表に降下したCs-137はその大部分が土壌表面に吸着し残留しているため、表土を取り除くことは有効な除染方法と言えます。しかし、広範囲にわたる表土の掘削除去は巨額のコストがかかり、除去した土は大量の汚染物質となります。また、農地の場合、表土の掘削除去は肥沃な土壌を喪失することにもなります。

原子力発電所の事故以外の主な事例として、米国ワシントン州ハンフォードのプルトニウム生産施設からの放射性物質の放出・漏えいなどがあります。この施設では一時期、放射性物質を含むプルトニウム生産炉の冷却水がコロンビ

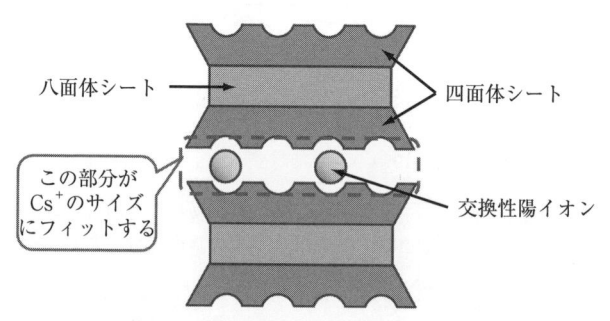

図5.1 粘土鉱物へのセシウムの吸着

ア川に放流されていました。また、プルトニウムの回収を行う化学分離プラントから生じた2万m^{3}を超える高レベル放射性廃液が177の地下タンクに貯蔵されており、そのうちの67のタンクから1,900万ガロンの廃液が漏えいしたと見積もられています。地中に漏えいした放射性物質の中には、テクネシウム、ウランなどの長半減期放射性物質が移行しやすい化学状態で含まれており、汚染地域の拡大が懸念されています。

5.3 放射性物質のファイトレメディエーション

　ファイトレメディエーションはすでに第2章2.6節で紹介しましたが、ここでは、特に放射性セシウムのファイトレメディエーションに関して述べます。ファイトレメディエーションによる土壌の浄化機構には、ファイトエクストラクション、ファイトスタビライゼーション、ファイトスティミュレーション、ファイトボラタリゼーション、ファイトトランスフォーメーションがありましたが、放射性セシウムに対しては重金属のファイトレメディエーションと同様に、ファイトエクストラクションが主に研究されています。

　これまでに栽培植物では、キク科のヒマワリやカキチシャ、アカザ科のビートやホウキグサ、ヒユ科のアマランサス、スベリヒユ科のタチスベリヒユ、タデ科のルバーブ、アブラナ科のカラシナが、野生植物ではヒユ科のアオゲイトウやヒモゲイトウ、タデ科のギシギシやオオイヌダテ、キク科のチコリやハキダメギクなどが土壌中に含まれるセシウムの植物体への吸収量が高いことが報告されています。

　ファイトエクストラクションに利用可能な植物の選定では、植物内のセシウム濃度の高さだけでなく、植物の大きさ、生育速度・生育形体なども重要な因子です。植物が縦に大きく生育し、セシウム濃度が高い植物が有望です（図5.2）。放射性物質を対象としたファイトエクストラクションでは、植物に吸収された放射性物質は放射線を出し続けるため、回収した植物の処理、処分方

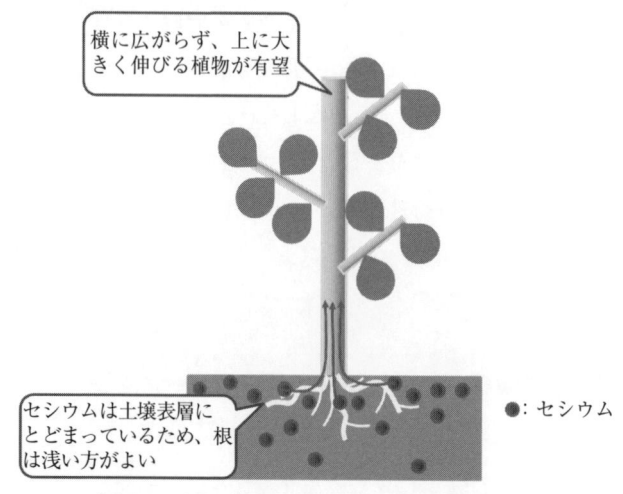

図 5.2 セシウムのファイトレメディエーション

(吹き出し:「横に広がらず、上に大きく伸びる植物が有望」)
(吹き出し:「セシウムは土壌表層にとどまっているため、根は浅い方がよい」)
●: セシウム

法についても考える必要があります。

　植物によるセシウムの吸収機構はまだ完全に明らかにはされていませんが、セシウムはカリウムと同じアルカリ金属であり、互いに化学的性質が類似しているため、カリウムの輸送系によって植物内に吸収されていると考えられています。例えば、シロイヌナズナのK^+チャネルでは、セシウムの存在によりカリウム輸送が著しく抑制されることが知られており、K^+チャネルにセシウムが入り込み、カリウムの通過を妨げていると考えられています。

5.4 微生物還元を利用した放射性物質のバイオリムーバル

　生物が水素や有機物などの電子供与体から電子を受け取り、その電子を最終電子受容体へ渡すまでの間にエネルギーを獲得し、ATPを生成する機構を呼吸と呼びます。このとき電子供与体は酸化され、電子受容体は還元されます（図 5.3）。電子受容体として酸素を利用するものを好気呼吸、酸素以外の物質を利用するものを嫌気呼吸と言います。*Shewanella* 属、*Geobacter* 属、*Desulfo-*

5.4 微生物還元を利用した放射性物質のバイオリムーバル

電子受容体：X
X（酸化型）

電子供与体
H_2、有機物

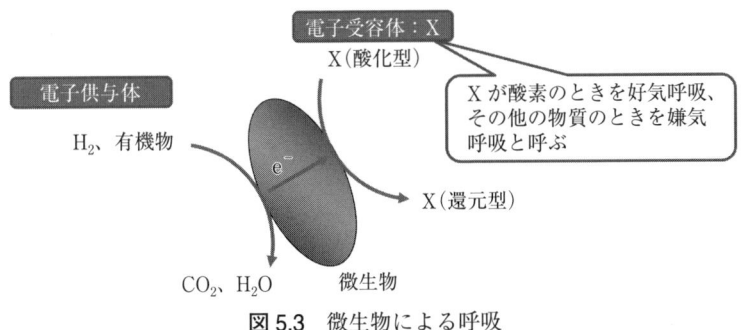

X が酸素のときを好気呼吸、その他の物質のときを嫌気呼吸と呼ぶ

X（還元型）

CO_2、H_2O　微生物

図5.3 微生物による呼吸

vibrio 属などに含まれる多くの微生物は六価ウランを最終電子受容体として用い、四価ウランへ還元することができます。ウランは酸化的雰囲気では六価のウラン（UO_2^{2+}）で存在し、よく水に溶けますが、四価まで還元されたウランはウラン酸化物（UO_2）を形成し、水に溶けにくくなり、沈殿を形成します。このように、ウランの性質と微生物の還元能をうまく利用することで、汚染水中のウランを沈殿させて除去することができます。テクネシウムやセレンも酸化体でよく水に溶け、還元体で水に溶けにくいため、これらの放射性物質も同様に微生物還元によるバイオリムーバルが適用可能であることが分かっています（表5.4）。

微生物還元による放射性物質の不溶化は、汚染土壌から放射性物質を移動させない技術としても注目されています。例えば、六価のウランで汚染された土壌では、ウランが水溶性のため地下水に溶けてさらに汚染が広がることが懸念されます。そこで土壌にもともと存在しているウラン還元能を持つ微生物に電子供与体（えさ）を与え活性化することで、六価のウランを不溶性の四価のウ

表5.4 ウラン、テクネシウム、セレンの酸化数と水への溶解度

	ウラン（U）		テクネシウム（Tc）		セレン（Se）		
酸化数	＋6	＋4	＋7	＋4	＋6	＋4	0
主な化学形	UO_2^{2+}	UO_2	TcO_4^-	TcO_2	SeO_4^{2-}	SeO_3^{2-}	Se^0
水への溶解度	高い	低い	高い	低い	高い	高い	低い

ランに還元し、地下水に溶け出さないようにする技術が研究されています。

　放射性物質のバイオリムーバルで使用される微生物は、放射性物質から出る放射線にさらされることになります。当然ながら微生物が生きられる範囲内の放射線量でなければ微生物還元によるバイオリムーバルは行えません。これまでに見つかっている中で、*Deinococcus radiodurans* は最も放射線耐性がある微生物の一種であり、15,000 Gy という線量でも 37％ が生きることができます。これは大腸菌が死んでしまう線量の 250 倍に相当します。この微生物は六価ウランや七価テクネシウムを還元することが知られており、高線量下におけるバイオリムーバルへの応用が期待されています。

5.5　微生物・生体高分子への吸着を利用した放射性物質のバイオリムーバル

　微生物や生物由来の高分子には放射性物質をよく吸着するものがあり、これらを吸着体として用い、汚染水からの放射性物質を除去する研究がなされています。微生物の細胞膜やその外側の糖鎖には、カルボキシル基やリン酸基といった官能基が豊富に存在します。これらの官能基はウランや超ウラン元素であるプルトニウム、アメリシウム、キュリウムといった放射性物質をよく吸着することが分かっています。カルボキシル基やリン酸基は、水溶液の pH が増加するに伴ってプロトンを放出し、負の電荷を有します。ここに正の電荷を持つ UO_2^{2+} や Am^{3+} といったイオンが強く吸着します（図 5.4）。ウランの吸着能が高い微生物としては、*Bacillus subtilis* や *Pseudomonas stutzeri* などが知られています。

　また、アルギン酸、ペクチン酸、タンニンといった植物由来の生体系物質もウランをよく吸着することが分かっています。アルギン酸やペクチン酸には、微生物の細胞膜や糖鎖と同様に、カルボキシル基が豊富にあり、これによりウランに対して高い吸着能を有すると考えられています。ただし、アルギン酸にカルシウムイオンを加えてできるアルギン酸カルシウムは、ウランの吸着サイ

5.5 微生物・生体高分子への吸着を利用したバイオリムーバル

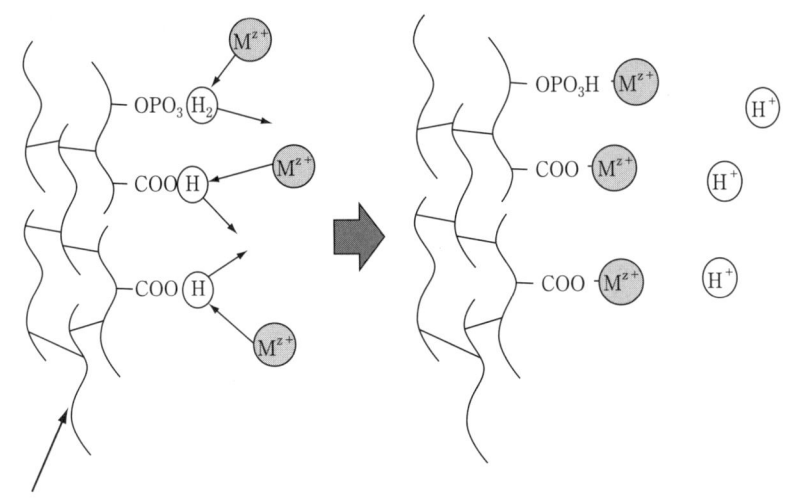

細胞表層の生体高分子

図 5.4 細胞への放射性物質の吸着

トであるカルボキシル基がカルシウムと結合しているため、ウランを吸着しなくなります。一方、タンニンはポリヒドロキシフェニル基を豊富に有し、これらが UO_2^{2+} とキレート錯体を形成することにより、高い吸着能を有すると考えられています。

　これらの微生物や植物由来の生体系物質は、そのままでは吸着材として扱いにくいため、微生物はポリアクリルアミドやアガロースなどによる包括固定化、タンニンなどはセルロースへの固定化により吸着材として用います。先に紹介した微生物還元を利用したバイオリムーバルは、微生物の呼吸活動を利用しているため、微生物が生存できる条件で処理を行う必要があります。一方、微生物や生体高分子による吸着を利用したバイオリムーバルは、たとえ微生物が生存できないような条件であっても、吸着部位の構造が保たれていれば適用が可能です。

参考文献・ウェブサイト
1) 王効挙ら：ファイトレメディエーションによる汚染土壌修復、埼玉県環境科学

国際センター報、3：114-123（2003）
2) M. J. Marshall et al.："Microbial Transformations of Radionuclides in the surface" in Environmental Microbiology 2nd ed., R. Mitchell and J.-D. Gu ed., John Wiley & Sons, Inc., Hoboken, New Jersey（2010）
3) 坂口孝司：ウランの生体濃縮、㈶九州大学出版会（1996）
4) 放射線被曝者医療国際協力推進協議会：http://www.hicare.jp/09/hi04.html
5) 社団法人　日本土壌肥料学会：http://nacos2.sakura.ne.jp/info/nuclear/post-15.html

第6章
バイオマス

　バイオマスとはもともとは生体量のことを示し、生物により生産された重さそのものを示す言葉でしたが、現代では主として、生体に由来する未利用資源や、エネルギー資源を示す言葉としてよく使われます。江戸時代の日本では薪に始まり、食物から家屋（木造）、ぞうりやわら靴など衣類に至るまで、ほとんど全てのものをバイオマスに依存していました。現代においては、かつて重要な資源であった稲わらなどは未利用資源となっています。表6.1のように廃棄物や残渣を含めてバイオマス資源は多岐にわたっています。

　世界全体で見ても、人類が将来にわたって持続可能な生産活動を行うためには、19世紀のように再生可能な資源を利用して、エネルギー消費と廃棄物発生などを抑えた循環型社会を構築することが必要と考えられます。しかし、現在の文明を享受している人類が過去の生活に戻ることは不可能です。したがって、これからは技術革新によってバイオマスの新たな利用方法を開発することが必要です。特に、バイオテクノロジーを活用して植物バイオマスを資源とし

表6.1　主なバイオマス

森林資源	天然林、人工林
栽培植物	デンプン、糖質作物（サトウキビ、芋など） 石油植物（アオサンゴ、ユーカリなど） 油脂植物（アブラヤシなど） その他の植物（海草、ホテイアオイ、クロレラなど）
産業廃棄物	黒液（製紙廃液）、パルプくずなど
農林産廃棄物	わら、バガス、製材廃物
都市ごみ、その他	紙くず、廃食品、水産畜産廃個物など

第6章 バイオマス

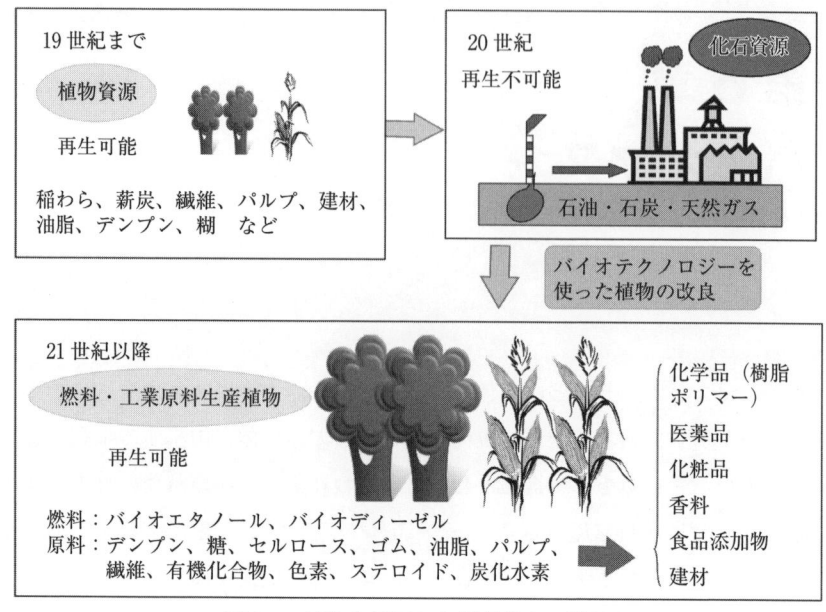

19世紀まで
植物資源
再生可能
稲わら、薪炭、繊維、パルプ、建材、油脂、デンプン、糊　など

20世紀
再生不可能
化石資源
石油・石炭・天然ガス

バイオテクノロジーを使った植物の改良

21世紀以降
燃料・工業原料生産植物
再生可能
燃料：バイオエタノール、バイオディーゼル
原料：デンプン、糖、セルロース、ゴム、油脂、パルプ、繊維、有機化合物、色素、ステロイド、炭化水素

化学品（樹脂ポリマー）
医薬品
化粧品
香料
食品添加物
建材

図6.1　植物を活用した循環社会の構築

て有効利用したり、これまで植物では作れなかった物質を作ることができれば、化石資源の消費抑制を図ると同時に、植物の光合成による炭酸ガス吸収量の拡大が可能になり地球温暖化防止にも貢献できます（**図6.1**）。

6.1　バイオマスの賦存量

　バイオマスの量は生態学で定義される1次生産に相当し、植物の光合成によって作られる総量が年間で生産されるバイオマス量となります。太陽エネルギーの一形態とみなすことができ、その存在量は莫大です。地球上に存在するバイオマス資源はその7割が陸上に存在し、全地球の7割を占める海洋におけるバイオマス量は3割に過ぎません（**表6.2**）。
　その主要な部分は森林として存在し、1年間に新たに生産されるバイオマス

表 6.2 世界のバイオマス

生態系	面積 $10^6 km^2$	全1次生産 $10^6 t/$年	生物量 $10^6 t$
陸上	149	115	1837
海洋	361	55	3.9
地球	510	170	1841

(Whittaker, 1979)

の量は炭素換算で 3.0×10^{21} J と推定されています。これは全世界で消費されるエネルギー（2.9×10^{20} J）の約 10 倍に相当します。したがって、世界で消費される全エネルギーは、植物の固定するエネルギーの僅か 10% でまかなうことが可能な計算になります。もちろん、植物の固定したエネルギーは食糧として利用されたり、森林の形成などに利用されていますので、エネルギーとして転用するためには新たに 10% 分の増産が必要です。現在の地球では新たな耕地の拡大は困難ですが、植物の機能を遺伝子組換えで強化することで、このエネルギー消費分を増産できると考えられています（奈良先端科学技術大学院大学・新名惇彦教授）。つまり、全世界の植物の物質生産量を 10% 増加させて、その分をエネルギーや資源に転換可能な物質にできれば化石燃料はいらないのです（図 6.2）。

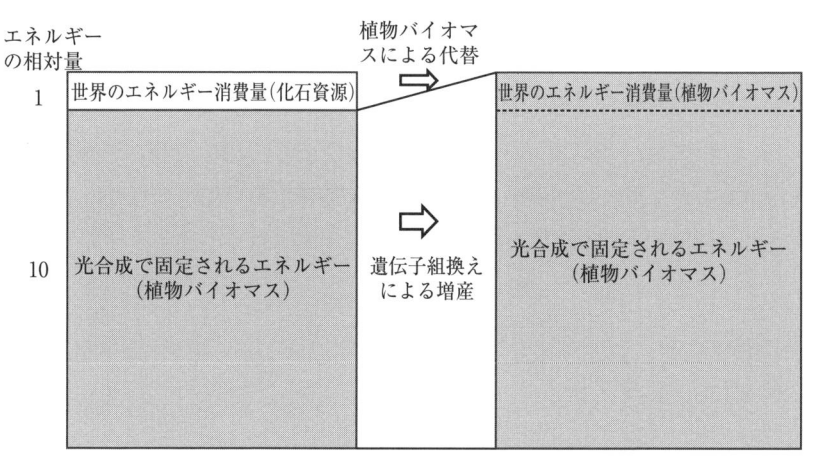

図 6.2 エネルギーの植物バイオマスによる代替

第6章　バイオマス

　バイオマス資源の中で最も多く、また未利用資源として存在しているのは森林資源です。これほど膨大な量の資源がありながら、先進国で利用されなかった理由は主に2つあります。一つはエネルギーとして利用する場合、太陽エネルギーと同様に、薄く広く存在するために、集荷のためのコストや手間が著しく大ききなるため、経済的に成り立たない例が多くなることです。また、年間の生産量が大きくなるためには肥沃な土地であることが条件となり、この場合、畑などへの利用、すなわち食糧資源との競合、また、優良な材木は建材や製紙などの工業とも競合するからです。

6.2　エネルギーとしてのバイオマス

　日本においても江戸時代より以前はまきや炭などの燃料が主要な燃料として使用されており、現代においても一部では使用されています。この意味においてもエネルギーとしてのバイオマスは重要であり、発展途上国においては依然として主要なエネルギー資源となっています。近年では燃焼により新たな二酸化炭素を排出しない燃料として注目されています。すなわち、薪や炭などの燃焼により生じる二酸化炭素はもともと空気中に存在していたものを植物が光合成により固定したものであり、これらバイオマスの燃焼により生成する二酸化炭素は地球温暖化に寄与しないとみなすことができるのです。これを称して"バイオマスはカーボンニュートラル"と呼びます。この意味において日本を含む主要な先進国はバイオマスのエネルギー利用について注目しています。

　ここでは主として現代におけるエネルギーとして重要なバイオマス由来のエネルギーについて解説します。

6.2.1　エタノール

　エタノールは古くはアルコール発酵により、飲料用アルコールとして発展し

てきましたが、近年では燃料として利用されるようになってきています。アルコール発酵はデンプンを糖に変え、これを酵母で醗酵させるものです。

$$C_6H_{12}O_6 \longrightarrow 2C_2H_5OH + 2CO_2$$

理論的には1モルのグルコースから2モルのエタノールと2モルの2酸化炭素が生じます。近年では酵母の変わりに醗酵に関わる遺伝子を導入した細菌を用いた燃料用アルコールの生産が行われています。

工業的な生産に最も早く取り組んだのはブラジルであり、1996年にはサトウキビからエタノールを作り、その生産量は7MTOE（石油換算700万トン）にもおよび、このエタノールをガソリンに混入することにより自動車の燃料としました。米国においても、とうもろこしから得られたエタノールをガソリンに約10％程度混入し、通常のガソリンスタンドでエタノール入りのガソリンを販売しています。エタノールをガソリンに混ぜることによりオクタン価が改善されるなどのメリットもあります。

6.2.2 メタン醗酵

メタン醗酵は比較的小規模の残渣を利用して嫌気条件で醗酵させてメタンを得るプロセスです。エタノールの場合と比べると、メタン醗酵は複雑な微生物による共同作業によるプロセスであるため、セルロースなど難分解性の有機物を含めてメタンに転換できる可能性がありますが、一方では醗酵を制御するのが難しく、効率的にメタンが生産できない場合もあります。メタン醗酵は運転温度の違いにより2種類の方法があります。37℃付近で行う中温メタン醗酵法と、50～55℃で行う高温メタン醗酵法です。高温メタン醗酵の方が中温醗酵と比べると、処理速度は2倍以上速いのですが、運転が難しいため、現在では中温醗酵が主流となっています。

メタン醗酵は廃棄物に含まれるほぼ全ての有機物を処理することができるの

第6章 バイオマス

で、近年廃棄物処理の一方法として発展してきており、高速で廃棄物を処理する高速メタン発効法が普及してきています。

図6.3に示したのが代表的な高速メタン醗酵槽です。1970年代に導入された上向流嫌気汚泥床（upflow anaerobic sludge blanket:USAB）では通常の活性汚泥による排水処理と比較しても劣らない処理能力を示したため、多くの排水処理現場に普及しました。この方式では底部から排水を供給することにより、処理槽の運転条件の管理が比較的容易となり、処理能力も高く、通常の排水処理（好気槽）と比べて、ばっ気の電力を必要としないなどの利点を有しています。

メタン醗酵においては、まずセルロースなどの難分解性の有機物の加水分解が生じ、次にこれを利用した種々の嫌気醗酵によりアルコールや低級脂肪酸が生成します（図6.4）。

酸生成過程で生じた酪酸やプロピオン酸は水素生成酢酸菌などにより酢酸や水素、二酸化炭素に分解されます。例えばプロピオン酸の場合では酢酸と水素、二酸化炭素（炭酸）に分解されます。

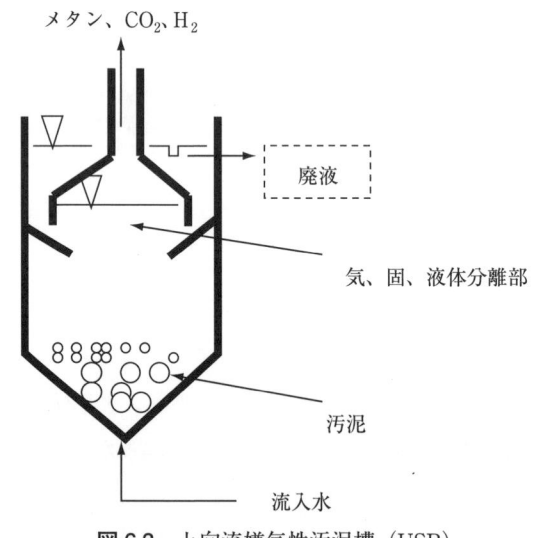

図6.3 上向流嫌気性汚泥槽（USB）

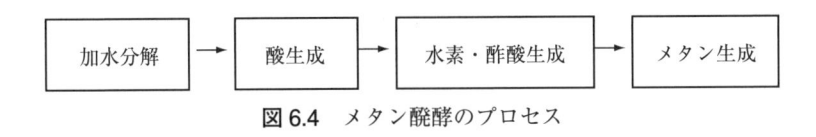

```
加水分解 → 酸生成 → 水素・酢酸生成 → メタン生成
```

図6.4　メタン醗酵のプロセス

$$CH_3CH_2COO^- + 3H_2O \longrightarrow CH_3COO^- + HCO_3^- + H^+ +$$
$$3H_24H_2 + CO_2 \longrightarrow CH_4 + 2H_2O$$

　生成した水素や二酸化炭素は酢酸生成菌により酢酸に変換される場合もありますが、大部分は直接メタンに変換されます。また、酢酸もメタン生成菌によりメタンと二酸化炭素に分解されます。最終的にはメタンと二酸化炭素とに分解さるわけですが、理論的には1対1の割合で生成されることとなっています。

6.2.3　F-T合成（BTL）

　Fisher-Tropsch合成反応（F-T合成）は第二次世界大戦下のドイツで、FisherとTropschいう2人のドイツ人科学者のよって発明された炭化水素合成反応です。もともとは石炭をガス化し、水素と一酸化炭素に変換した後、このガスから触媒を用いて直鎖の炭化水素を合成する反応でした。石油が安価に手に入るようになり、その後一時期は廃れた技術でしたが、近年では石油の値上がりから、天然ガスから軽油やガソリンを作る反応（GTL, Gas to Liquid）やバイオマスから軽油を作る反応（BTL, Biomass to Liquid）にも応用されています（図6.5）。

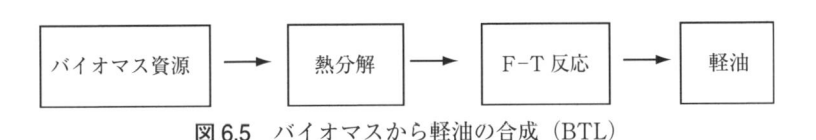

```
バイオマス資源 → 熱分解 → F-T反応 → 軽油
```

図6.5　バイオマスから軽油の合成（BTL）

第6章 バイオマス

　バイオマスから軽油を作る場合は、賦存量が豊富にあり、変換が比較的困難なセルロース系バイオマスを熱分解して、水や一酸化炭素、二酸化炭素、水素などの混合物として、この中の一酸化炭素と水素から軽油を合成することができます。熱分解反応は500～1000℃で行われ、500℃近辺では水素と一酸化炭素の生成比はほぼ1対1ですが、1000℃付近では水素の生成が増え2対1となります。このようにして合成された軽油成分はディーゼル車の燃料として利用することが可能です。

　F-T合成反応は高温（300～600℃）高圧（20～50気圧）で行う触媒反応です。初期は鉄を使った反応が開発されましたが、近年ではコバルトを用いた反応の方が、より低温、低圧で行われ、収率もよいことから、近年ではコバルトを用いる反応が一般的であり、日産100トンの試験プラント（GTL）も稼動しています。

　F-T合成の反応機構は推定の段階ですが、図6.6のような反応が考えられています。まず一酸化炭素が触媒と反応して錯体を形成し、触媒上で水素により還元され、メチレン（CH_2）と水が生じます。メチレンはさらに還元されメ

$$CO + 2H_2 \longrightarrow (CH_2)_n \quad CH_3 + H_2O$$

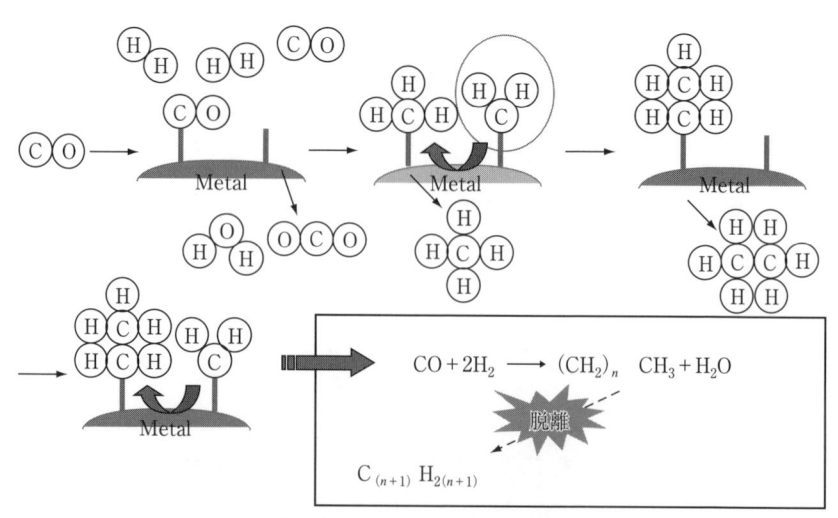

離脱

$$C_{(n+1)} H_{2(n+1)}$$

図6.6　F-T合成の反応機構

タン（CH_3）となります。メタンと触媒との間にメチレンがカルベンとして挿入反応が生じ、これが次々と起こり、直鎖の炭化水素が形成されていきます。途中で、反応が終結して触媒から外れていく炭化水素が生じるため、いろいろの長さの炭化水素が生じます。軽油成分としては炭素数が10から20くらいが適当ですが、炭素数を制御するのは難しく、炭素数が20以上のワックス成分が生じたり、炭素数が1から4までの気体の炭化水素が生じたりします。

F-T反応とは異なりますが、一酸化炭素と水素を同様に高温高圧化で、銅亜鉛触媒存在かで反応させると、メタノール（CH_3OH）を生じます。

$$CO + 2H_2 \longrightarrow CH_3OH$$
$$2CH_3OH \longrightarrow CH_3OCH_3 + H_2O$$

メタノールをさらに脱水してエーテルを生じることもできます。これはDME（ジメチルエーテル）と呼ばれ、メタノールとは異なり、常温で気体であり、毒性もほとんどないため、プロパンに代わる燃料として注目されています。中国ではふんだんにある石炭をガス化してDMEに変換して利用する計画を進めています。

日本においては将来の人工燃料としてDMEが良いのか、軽油が良いのかはまだ判然としていません。研究開発としてはいずれの反応形式も進められていますが、今後の10年から20年の間には、どちらの燃料に転換していくかの判断を迫られることになるでしょう。

6.3 バイオマスから工業原料を作る

6.3.1 バイオマスプラスチック

　石油から作る物質の代表格であるプラスチックもバイオマスから作ることが可能です。バイオマスプラスチックとは、日本バイオプラスチック協会（JBPA）の定義では「原料として再生可能な有機資源由来の物質を含み、化学的又は生物学的に合成することにより得られる高分子材料」とされています。分かりやすくいうと、原料の一部、または全部が植物や微生物などのバイオマス由来のプラスチックということです。原料の25％以上がバイオマス由来であればバイオマスプラスチックとして認定されます。

　一方で、生分解性プラスチック（グリーンプラスチック）は最終的に微生物によって水と二酸化炭素に分解される素材であればよく、「グリーン」と言っても植物由来とは限らず、微生物由来のものや石油から化学合成されたプラスチックも含まれます。

　日本のプラスチック生産量は、ポリプロピレンが最も多く、次いでポリエチレン、塩化ビニル、ポリスチレンとなっています。これらのプラスチックは石油を原料として作られていますが、最近ではバイオマスから生産できるめどが立ちつつあります（**表**6.3）。

(1) ポリ乳酸

　ポリ乳酸は、バイオマスであるトウモロコシやイモなどの植物デンプンを乳酸発酵することでL-乳酸を作り、次に乳酸を重合させて合成するポリマー（プラスチック）です（**図**6.7）。ポリ乳酸はカーボンニュートラルで再生可能

6.3 バイオマスから工業原料を作る

表6.3 バイオマスから作る化学品

化成品		中間体		植物原材料	企業
ポリ乳酸	←	乳酸	←	デンプン←糖	ダウケミカル、トヨタ
ポリエチレン	←	エチレン←エタノール	←	サトウキビ	Braskem（ブラジル）
ポリカーボネート	←	イソソルバイド	←	糖	三菱化学
ポリプロピレン	←	イソプロパノール	←	廃糖蜜、廃木材	三井化学
ポリウレタン	←	リシノール酸	←	ヒマシ油	
アクリル酸	←	グリセリン	←	パームヤシ	日本触媒
ポリアミド	←	11アミノウンデカン酸	←	ヒマシ油	東洋紡・アルケマ（仏）
ナイロン	←	ジアミン	←	セルロース	
ポリエチレンテレフタレート(PET)	←	テレフタル酸 エチレングリコール	←	パラキシレン エタノール	東レ
アクリル酸	←	3-ヒドロキシプロピオン酸	←	グルコース	カーギル、ノボザイムズ
ポリヒドロキシアルカノエート	←	(微生物)	←	グルコース	テレス（米）
ポリヒドロキシアルカノエート	←	(微生物)	←	植物油脂	カネカ

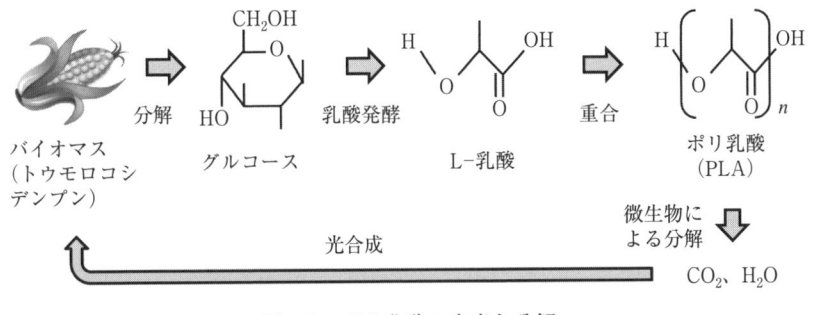

図6.7 ポリ乳酸の生産と分解

なバイオマスプラスチックであるとともに、微生物によって分解される生分解性（グリーン）プラスチックでもあります。実はカーボンニュートラルと言っても、ポリ乳酸の製造過程では化石燃料を使用します。しかし、製造時の化石原料使用量や炭酸ガス発生量は他のプラスチックを生産する場合よりも少ない量です。問題はコストがまだ高いこと、成形速度が遅いこと、柔軟性が低く耐衝撃性が劣ること、耐久性が低いことなどです。しかし、品質については他の成分の添加などによって徐々に改善されてきています。

ポリ乳酸はこれまでに世界で最も生産・利用されているバイオマスプラス

129

チックで、複数の企業が年間に約14万トン生産しています。一方で、石油から作る汎用のポリエチレンは世界で約7,215万トン、ポリプロピレンは約4,625トンが生産されていますので、バイオマスプラスチックの占める割合はまだほんの僅かです。日本ではトヨタ自動車が島津製作所からポリ乳酸事業を引き継いで、1,000トン/年のプラントを建設しています。その他にも、東レ、三井化学などがポリ乳酸事業に参入しています。

2009年に発売したトヨタの新型プリウスでは、内装材の一部にポリ乳酸が使用されました。また、富士通のパソコンや携帯電話の筐体にも使用されるなど、AV機器や自動車にも利用が広まっています。また、ポリ乳酸の重要な特徴の一つは、生分解性（グリーン）プラスチックであることです。生分解性プラスチックはその特性を生かした様々な用途に利用されています（**図6.8**）。農業資材用のフィルムやロープは、収穫後に農産廃棄物と一緒に堆肥化でき、省力化に役立ちます。生分解性プラスチック製の土のうは、堤防などに使用した場合に、草木が繁茂して土壌が固まった頃に生分解されます。

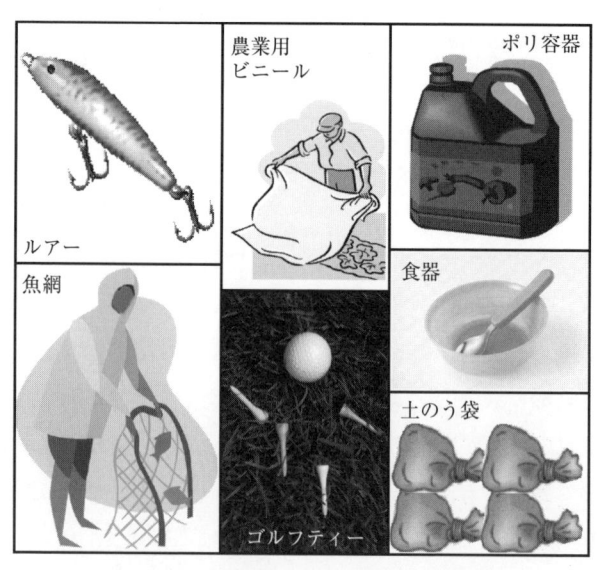

図6.8　生分解性プラスチックの用途例

その他にも衣料品、台所用の水切りネット、各種の包装材、トレー、食器類、ラップフィルムのカッター、ボールペン、ルアー、ゴルフティー、骨片接合用ねじ（手術後、生体内に吸収される）、縫合糸、魚網、窓付き封筒の窓部分にも使用されています。

ルアー、ゴルフティー、魚網などは、環境中に放置されても生分解されるために、野生生物が誤飲したり、体に巻きついてしまうという被害を防いで、生態系への悪影響を低減することができます。食品包装材などに使用した場合は、廃棄物を食品と分別しなくても堆肥化が可能になるなどの利点があります。

生分解性プラスチックとして認定されるには、定められた試験に合格することが必要で、例えば「活性汚泥による好気的生分解試験方法」によって28日間の試験で分解性を確認します（OECD 301 C）。その他にも環境に対する安全性も評価されます。

(2) ポリエチレン

ブラジルの化学メーカーのBraskem社は、世界で初めてサトウキビ由来のエタノールを原料にポリエチレンを生産する技術を開発しました（図6.9）。バイオエタノールを金属触媒を使ってエチレンに変換して重合させる製法で、従来の石油から作るポリエチレンと品質的な差はないと言われています。2011年から生産を始めて約20万トンを生産する予定であり、これまでのバイオプ

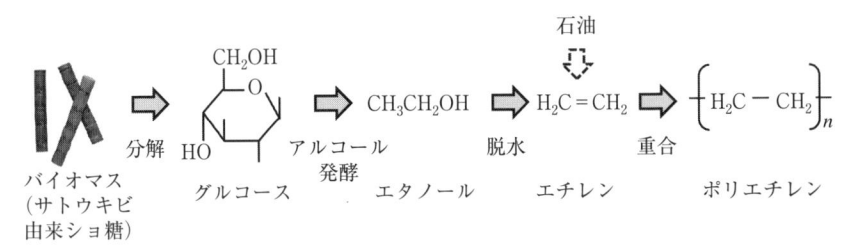

図6.9 バイオマスを原料としたポリエチレン生産

ラスチックのトップであったポリ乳酸の生産量（14万トン）を上回ることになります。問題はコストが石油由来のポリエチレンの1.5〜2倍かかることですが、この計画によって石油に依存しない化成品生産が本格化することになります。

資生堂は、このバイオマス由来のポリエチレンを化粧品容器として採用することを発表しています。

(3) その他のプラスチック

バイオマス由来のプラスチックの主なものを表6.3と図6.10にまとめました。

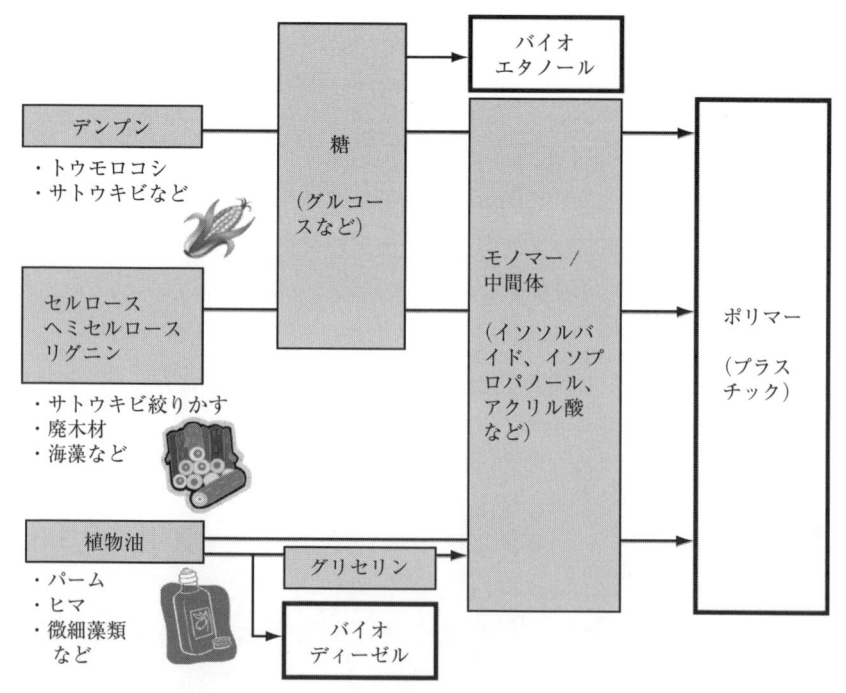

図6.10　様々なバイオマスプラスチックの生産

6.3 バイオマスから工業原料を作る

　日本のプラスチックの中で最も生産量が多いポリカーボネートについては、三菱化学が独自技術を活用して事業化を目指しています。三菱化学では、グルコースを原料としてイソソルバイドという新規なモノマーを生産し、これを重合させて「バイオポリカーボネート」を生産するパイロットプラントを建設しました。

　三井化学は、遺伝子組換え大腸菌によって廃糖蜜や廃木材を分解して、イソプロパノールを製造する技術を確立し、試験製造を開始しました。廃糖蜜や廃木材の利用は原価が安く、廃棄物の活用という点でも意味があります。この大腸菌は遺伝子組換えによってイソプロパノールだけを効率的に生産するように改良されたものです。イソプロパノールは、ポリプロピレンなどのプラスチックの原料ですが、その他の原料としても利用できます。

　日本触媒は、パームヤシからバイオディーゼルを作る際の副産物であるグリセリンからアクリル酸（紙おむつなど吸水性ポリマーの原料）を製造する試験設備を、兵庫県姫路市の工場に導入しています。フランスのアルケマ社と東洋紡は、トウゴマ（ヒマ）から採れるヒマシ油からポリアミドを年間数万トン規模で生産する計画を発表しています。ポリアミドは、アミド結合（－CO－NH－）により高重合体となっている高分子化合物の総称で、ナイロンは代表的なポリアミドです。このように化学繊維も石油ではなく植物から作られるということです。

　東レはセルロースから、発酵技術などを使ってジアミンを製造することに成功しました。ジアミンはジカルボン酸と共重合させるとナイロンになります。このジアミンから作ったナイロンは、石油から作ったものと同程度の性能が得られたということです。東レでは2013年から2015年頃の実用化を目指しています。

　また、みなさんにおなじみのペットボトルに使われているPET樹脂もバイオマスから作る技術が確立されました。PETは今や世界で年間約5,000万トンが生産されている重要なプラスチックです。東レはバイオマス原料由来のパラキシレンから作ったテレフタル酸とバイオエタノール由来のエチレングリ

コールを原料として、バイオマス由来PETを合成することに成功しています。このPETが石油由来のPETと同等の特性を有していることも確認しています。原料のパラキシレンは、米国のGevo社がバイオマスを原料として微生物を用いて製造したバイオイソブタノールから合成したものです。

　カーギル社とノボザイムズ社は、遺伝子組換えした微生物を使って、バイオマス由来のグルコースから3-ヒドロキシプロピオン酸（3HPA）を介してアクリル酸を生産する技術開発を共同で行っています。米国のテレス社は、微生物を利用してポリヒドロキシアルカノエート（PHA）を生産するプラントを建設しました。当面の生産能力は5万トンです。カネカも、植物油脂を原料として微生物に生分解性のバイオポリマー（ポリヒドロキシアルカノエートの一種であるPHBH）を生産させる設備を2011年に作りました。当面は1,000トンの生産能力ですが、数年後に1万トンに増強する予定です。

　このように、化学産業では「脱石油」の動きが急速に強まっており、その背景には将来の石油の枯渇とそれを前提とした原料価格の高騰とともに、二酸化炭素の排出削減と再生可能な資源への転換という社会的要請に応えるという意味があります。

6.3.2　その他のバイオマス由来の工業原料

(1)　植物の物質生産プロジェクト

　プラスチック以外にも石油原料をバイオマス原料で代替するための研究開発が行われています。経済産業省とその傘下のNEDOでは、バイオマスの利用による再生可能資源への転換、バイオプロセスの利用による環境負荷の少ない工業プロセスへの変革、循環型産業システムの創造を目的として、2002年度から2009年度にかけて、「植物の物質生産プロセス制御基盤技術開発プロジェクト」を実施しました。

　このプロジェクトでは、モデルとなる植物における物質生産機能を解析して

データベース化し、それらを活用することによって実用植物が有する有用物質生産系を解析し、植物を利用して工業原料を効率的に生産する基盤技術を開発することを目的としています。このプロジェクトのいくつかの成果について次に述べます。

(2) ゴム生産

　世界のゴム生産における原料として、近年では天然ゴムが石油由来のゴムを上回って50%以上を占めています。石油資源の値上がりや枯渇問題もあって、天然ゴムの利用割合は今後も増加すると考えられています。また、航空機のタイヤのような強い強度が求められるタイヤの原料は天然ゴムであり、天然ゴムは機能的にも優れています。天然ゴムはほとんどがパラゴムノキから生産されるシス型のゴムですが、トチュウ（杜仲）という植物もトランス型という化学構造のゴムを産生します（図6.11）。

　トチュウは、樹皮が生薬、葉が杜仲茶に用いられる他に、葉、樹皮、実に含まれるゴム成分がチューブ、ジョイント、タイヤ、ギプスなどに利用されています。日立造船㈱では、トチュウのゴムの生産能の向上と安定生産、ゴム分子量の改変、蓄積部位の改変のための研究開発を行い、これまで不明であった長鎖のゴムを合成する酵素の遺伝子を解明しました（図6.11）。この長鎖ゴム合成酵素の遺伝子をタバコに導入したところ、タバコにゴムを作らせることに成功しました。

　原理的には、どのような植物にもゴムを作らせることが可能なため、将来は熱帯ではなく日本のような温帯にもゴム農園ができるかも知れません。また、パラゴムノキの長鎖ゴム合成酵素の遺伝子についても、世界のタイヤメーカーなどが研究を行っています。

第6章 バイオマス

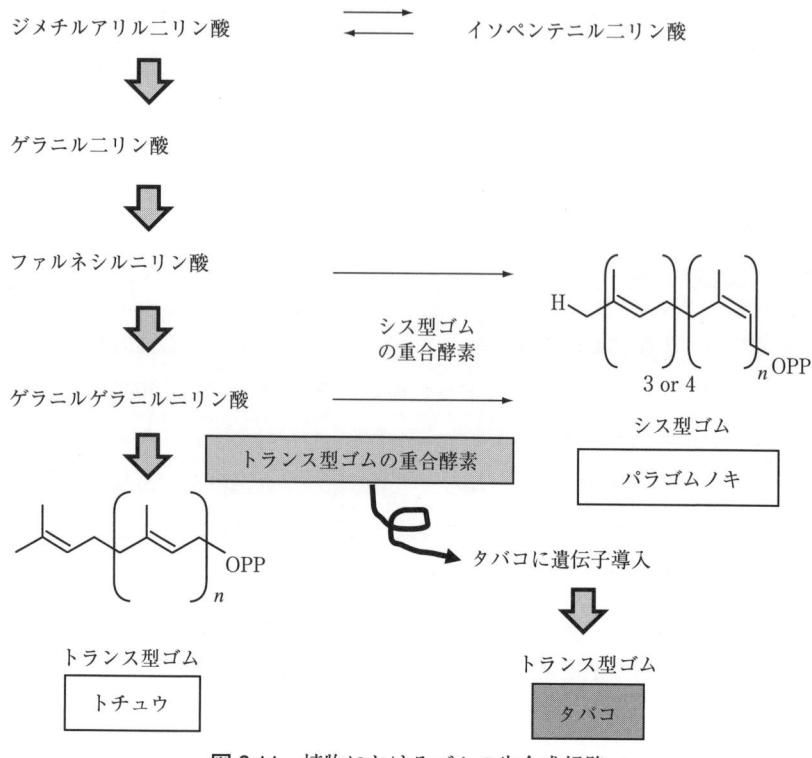

図6.11　植物におけるゴムの生合成経路

(3) 高バイオマス樹木

　植物は、二酸化炭素を吸収し太陽エネルギーをバイオマス資源に変換しています。その中で樹木は、多量の高分子化合物（セルロース、ヘミセルロース、リグニン）を蓄積する工業用原材料・エネルギー源として有望視されています。セルロース由来のバイオ燃料の効率的な生産技術が開発されれば、樹木はバイオ燃料の原料としての価値も高まります。

　日本製紙㈱は、製紙用原材料を効率的かつ安定的に獲得するために、遺伝子組換え技術によりストレス耐性を付与して、高バイオマス生産性のユーカリを作成する基盤技術開発しています。一般に植物は、病虫害、低高温、乾燥など

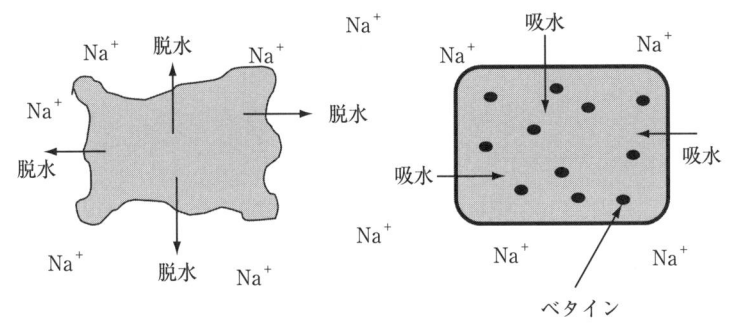

図 6.12 高浸透圧（高塩濃度）条件での細胞の吸水とベタインの役割

のストレスにより、潜在能力の 30％程度の生産力しか発揮していないと言われています。すなわち、これらの生産性を低下させる要因を取り除けば、生産量は 3 倍以上に増えるということです。そこで、様々なストレスに強いユーカリを作る研究を行っています。

具体的には、耐塩性を高めることが確認されているベタイン合成酵素遺伝子（*codA*）を導入した組換えユーカリを作出し、温室栽培で耐塩性を確認するとともに隔離圃場で安全性評価試験を実施しました。植物は海水のような高い塩濃度条件では、細胞外の浸透圧が高いために吸水することができませんが、ベタインという成分が細胞内で作られると、細胞の浸透圧を高めることにより乾燥条件下や高い塩濃度による高浸透圧条件下でも吸水が可能になります（図 6.12）。この組換えユーカリは、海水を与えても枯れずに生育したことが報告されています。また、耐冷性を強化する不飽和化酵素遺伝子（*des9*）を導入した組換えユーカリと耐乾性を高めるラフィノース属オリゴ糖合成酵素（*AtGolS*）を導入した組換えユーカリも作出し、安全性評価試験を行っています。

(4) 海外の工業原料プロジェクト

米国などの海外では、バイオ燃料の原料である植物バイオマス生産性の向上やセルロース、デンプンの糖化とアルコール発酵に関する研究プロジェクトが

活発に行われています。例えば、米国エネルギー省（The Department of Energy's:DOE）と米国農務省（the U.S. Department of Agriculture:USDA）では、リグニンやセルロースからバイオ燃料を生産するために、これらのバイオマスを高生産する植物を作出するプロジェクトを行っています。さらに、食糧生産と競合しないように、優良農地ではなく、乾燥や低温などの不良環境で生育できる植物の開発を目指しています。2008年7月には、セルロース由来バイオ燃料の開発に向けた基礎研究を加速させるため、合計1000万ドルを超える研究助成金を10件の研究に与えると発表しました。

一方で、ゴムなど一部の成分で工業原料としての植物のバイオマス生産の向上の研究が行われています。日本でも印刷用のインクでは大豆油を使用したものが増えていますが、米国では石油由来の油の植物油での置き換えが進んでいます。

6.4 バイオマス利用の新しい流れ

6.4.1 ヤトロファ（ジャトロファ）

バイオディーゼルもバイオエタノールと同様に、バイオマスである植物油から作られるカーボンニュートラルな燃料です。バイオディーゼル燃料（BDF）の原料は菜種、大豆、パームなどの植物油や廃食油などです。油糧作物の中では、パームヤシが最も油の生産性が高いですが、最近では荒地でも育つ油糧植物であるヤトロファ（ジャトロファ、図6.13）が注目されています。

ヤトロファは、油を含む種子に有毒物質を含むため食糧との競合がなく、作物が育たないようなやせ地や乾燥地などの非農耕地でも栽培可能です。原産地は南米ですが、現在の栽培地はアメリカ大陸はもちろん、アフリカ、アジアなど世界中に広がっています。やせ地や荒廃地の緑化にも役立つともに、収益性

6.4 バイオマス利用の新しい流れ

図 6.13 ヤトロファの植物体と種子

のある作物として各地で栽培されています。ヤトロファの種子の油含量は40％程度で、1 ha 当たりの油生産量は 2.3 トンとパームの 4.0 トンには劣りますが、他の油糧植物よりは高い生産性を示します。これまでにあまり品種改良されてないので、今後の改良による油生産量の向上が期待できます。また、遺伝子組換えによる改良も行われています。

6.4.2 藻 類

藻類を利用したバイオディーゼル燃料の生産に関する研究は、欧米を中心に精力的に行われてきました。世界では 75 社以上が藻類を利用したバイオ燃料生産に取り組んでいます。米国エネルギー省は、藻類由来のバイオ燃料の研究開発に対して最大で 2,400 万ドルの研究費を提供すると 2010 年 6 月 28 日に発表しています。

藻類は、単位面積当たりの生産性という点では他の植物よりも優れています（図 6.14）。しかし、生産コストが高いことから実用化にはまだ壁があります。また、畑の作物であれば耕地があれば栽培面積を広げることは容易ですが、水

第6章 バイオマス

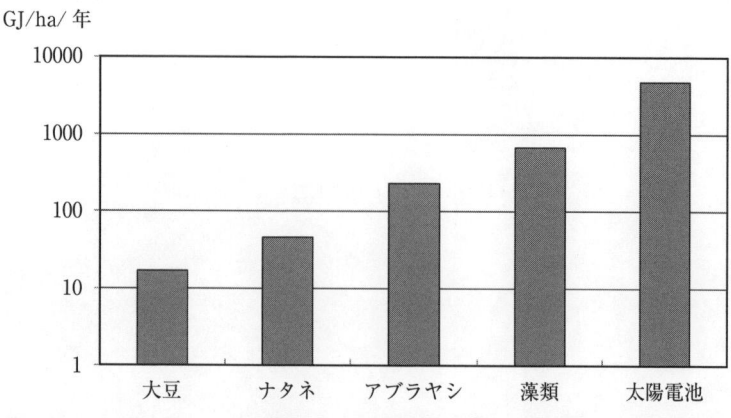

図6.14 バイオディーゼル燃料と太陽電池の面積当たりエネルギー収穫量

と培養槽が必要な藻類の培養では、規模の拡大は簡単ではありません。今後は、近年の技術発展が著しいゲノムやメタボロームの成果を応用して画期的な藻類を分子育種したり、火力発電所などの二酸化炭素発生施設と連携して、効率的な生産システムを構築するなどの研究開発が必要不可欠でしょう。

日本では、筑波大学の渡邉信教授のグループがボツリオコッカスという油を細胞外に分泌する藻類を利用したバイオディーゼル燃料の生産の研究を行っています。従来、藻から油を抽出するためには、一旦天日干しで乾燥してから油分をクロロホルムやアセトンで抽出し、これらの溶媒を揮発させて残った油分を取り出していたために労力とコストがかかっていましたが、油分分泌型の藻類は抽出が不要という点で有利です（**図6.15**）。また、渡邉信教授らは沖縄で採取した *Aurantiochytrium* という藻類が、これまで発見されているものより10倍以上高い油の生産能力を持つことを2010年12月に報告しています。

バイオディーゼル燃料は、自動車用燃料としては既に実用的に利用されていますが、飛行機のジェット燃料としても実用性が証明されています。米国のペトロアルジー（PetroAlgae）社は、藻類由来のバイオ燃料を生産するための研究開発を行っています。ヴァージン・アトランティック航空は、将来はこの藻類由来のバイオ燃料をジェット燃料として使用して航空機を飛ばすことを考

6.4 バイオマス利用の新しい流れ

通常の藻類による油の生産

分泌型藻類による油の生産

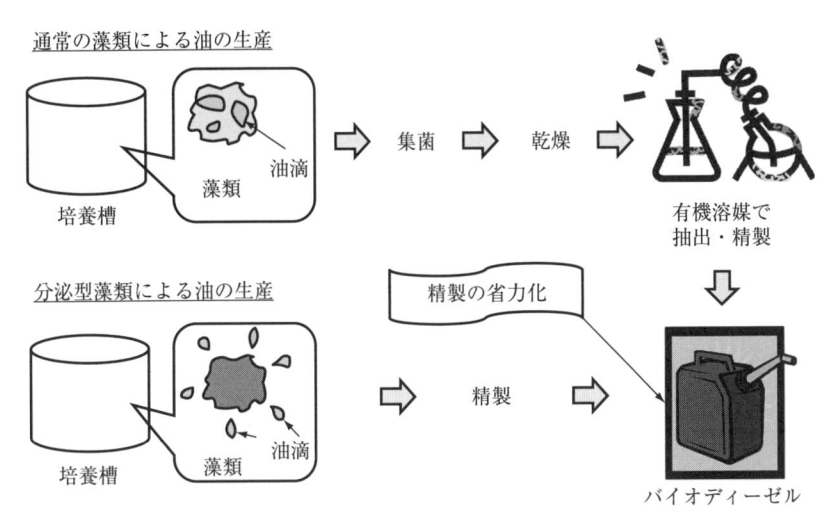

図 6.15　分泌型藻類による油生産の利点

えており、2008 年 2 月には植物油由来のバイオ燃料を使ってボーイング 747 型機を飛行させました。

また、日本航空とボーイング社は、2009 年 1 月 30 日にアジアで初めてバイオ燃料による試験飛行に成功しました。このバイオ燃料は、植物のカメリナ（84％）、ジャトロファ（15％）、藻（1％）から作った3種のバイオ燃料を混合したバイオジェット燃料 50％ と従来のジェット燃料（ケロシン）50％ を混合した混合バイオジェット燃料でした。コンチネンタル航空も藻やヤトロファから生産されたバイオ燃料によるボーイング 737 型機の試験飛行を実施しました。このように、航空会社も環境対策と石油の高騰・枯渇を視野に入れた代替燃料の研究を進めており、藻類などに由来するバイオ燃料はその有力な候補です。

6.4.3　未利用資源の利用

東京海洋大学、三菱総合研究所、三菱重工業などのグループは、日本海に 1

万 km^2 の養殖場を設け、数百万から 2,000 万 kL のバイオエタノールを海藻から生産する計画を立てています。日本海中央の浅瀬に大型の網を張り、「ホンダワラ」という海藻を養殖し、その場でバイオリアクターなどの装置（エタノール生産工場）を搭載した船で分解してバイオエタノールを生産し、タンカーで運ぶ計画です（図 6.16）。

海藻は、太陽光と海中のミネラルで生長するのでその分のコストがかからないという利点があります。コンブやワカメ類など褐色の海藻の主成分であるアルギン酸からバイオエタノールを生産することには、京都大学農学研究科の村田幸作教授の研究グループが成功しています。アルギン酸を取り込んで分解する機能を持つスフィンゴモナス属細菌 A1 株という微生物に、さらにアルコール発酵を行う遺伝子を組み込むことで、アルギン酸 1 kg 当たり 250 g のエタノールを生産できるということです。実用化のためには、エタノール生産効率の更なる向上と廃棄物の処理方法が問題ですが今後の進展が待たれます。

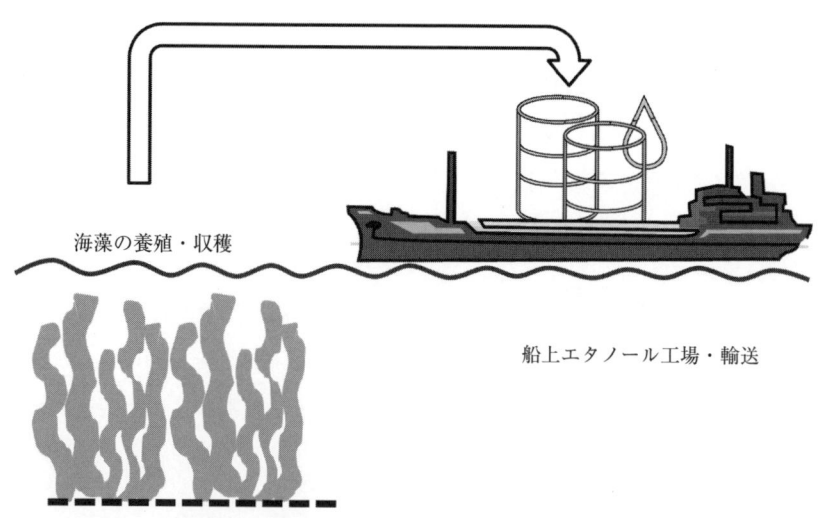

図 6.16 海藻を利用したバイオエタノールの生産

6.4.4　遺伝子組換えによるバイオマス植物の改良

　バイオマスからエタノールを作る際には、サトウキビやトウモロコシなどの穀物のデンプンを微生物の作る酵素で分解して糖にしてからアルコール発酵を行います（図6.17）。デンプンの糖化（分解）は容易で、比較的安価な酵素で糖化が可能です。しかし、これらのデンプンを原料とした場合は食糧と競合するため、バイオエタノールの増産が食糧価格の高騰と食糧需要の逼迫をもたらすという問題が生じます。

　その解決策として、非可食部や廃木材などの廃棄物であるセルロース系バイオマスを原料としたバイオ燃料の製造技術が求められています。しかし、セルロースはデンプンに比べて糖化が難しく、セルロースの糖化酵素はコストが高いため、生産されるバイオエタノールのコストも高くなるという問題がありま

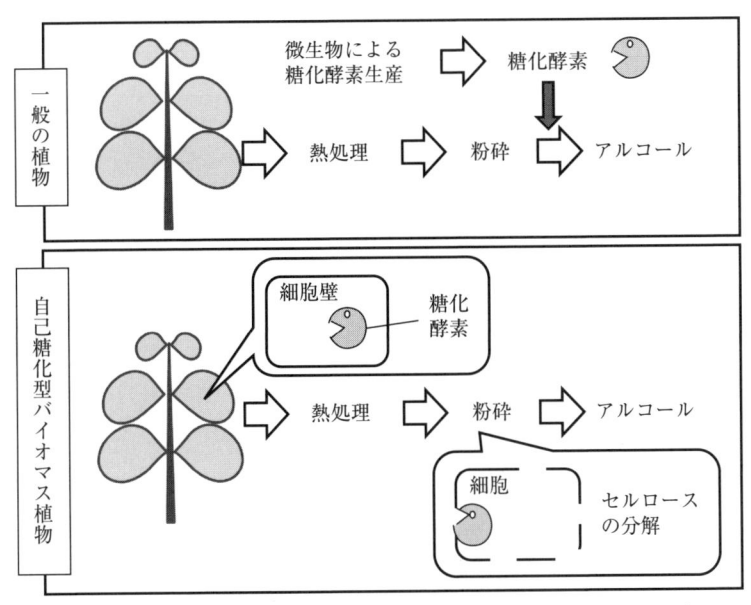

図6.17　自己糖化型バイオマス植物によるバイオエタノール生産

す。そのため、現在のセルロース由来のバイオエタノールは1L当たり150円程度の生産コストがかかっています。Novozyme社はこれを50円程度に引き下げることが可能な新たな酵素を開発したと発表していますが、それでもまだ十分とは言えません。

　糖化酵素は、一般に微生物によって生産しますが、この酵素を植物自身に作らせることができれば酵素のコストは実質的にゼロになり、バイオエタノールの生産コストは大幅に低下すると期待されます。そのため、微生物の糖化酵素遺伝子を植物に導入して「自己糖化型バイオマス作物」を作出する研究が行われています（図6.17）。

　ここで問題となるのは、これらの酵素は植物の細胞壁に触れると細胞壁のセルロースを分解してしまうので、生育中は細胞のどこかに隔離するか特定の温度でしか働かないようにしておく必要があります。また、バイオ燃料の原料植物は一般に熱で乾燥させてから使用するので、植物に作らせる糖化酵素は熱に強い耐熱性酵素である必要があります。通常の酵素は約50℃を超えると変性して失活してしまいますが、温泉のような熱いところにいる微生物の持つ耐熱性酵素は90℃以上になっても活性を失わないものがあり、そのような酵素を利用します。

　日本では京都府立大学大学院生命環境科学研究科の中平洋一特任講師が、㈱耐熱性酵素研究所と共同で、「粉砕・加熱処理により"糖質"を生産する自己糖化型エネルギー作物」を開発したと発表しました。中平特任講師らは、植物細胞の中の葉緑体中にセルロースなどを分解する消化酵素を蓄積させることに成功しました。セルロースやヘミセルロースなどのセルロース系バイオマスを分解するための6種の耐熱性糖化酵素（エンドグルカナーゼ、セロビオヒドロラーゼ-I、-II、β-グルコシダーゼ、キシラナーゼ、キシロシダーゼ）を細胞内の全タンパク質の10％以上のレベルで生産する遺伝子組換えタバコの作出に成功しました。

　これら6種の遺伝子組換えタバコを混合してから、粉砕・加熱処理などの処理を施すことによって、細胞壁に含まれるセルロース系バイオマスの50％以

上を糖質（グルコースやキシロースなど）として回収できるシステムを確立しました。この研究では実験植物のタバコを使用していますが、バイオマス生産量の大きい他の植物にも適用可能と考えられます。

他にも様々な植物に、微生物の糖化酵素を蓄積させる研究が行われています。例えば、イネのアポプラストという細胞同士の隙間に *Acidothermus cellulolticus* という微生物の耐熱性エンドグルカナーゼを可溶性タンパク質の4.9%蓄積させることに成功しています。シロイヌナズナという実験用の小型植物では、同じアポプラストに *Acidothermus cellulolticus* の耐熱性エンドグルカナーゼを可溶性タンパク質の26%も蓄積させた報告もあります。

トウモロコシの種子の細胞の小胞体と液胞に *A. cellulolticus* の耐熱性エンドグルカナーゼを蓄積させた例では、最大でそれぞれ可溶性タンパク質の17.9%と16.3%の蓄積が見られました。トウモロコシの種子で *Trichoderma reesei* という微生物のエンドグルカナーゼを発現させた実験でも同程度の蓄積が認められました。

このように、微生物由来の糖化酵素は一般に種子では比較的高い蓄積量を示しますが、セルロース系バイオマスである葉茎では0.1%以下の蓄積という報告が多いのが現状です。いかにバイオマス植物で糖化酵素の蓄積量を高められるかが今後の研究のポイントになります。また、蓄積量が高い場合には植物の生育に障害が認められる場合もあり、生育を阻害せずに糖化酵素を高蓄積させる技術の開発も重要です。実用的な自己糖化型バイオマス植物が開発されれば、食糧と競合しないセルロース系バイオマスを原料とする安価なバイオエタノール生産が可能になると期待されます。

主な参考文献・ウェブサイト
1) 今中忠行：微生物利用の大展開，エヌティーエス（2002）
2) 多田雄一：環境バイオテクノロジー改訂版，三恵社（2011）
3) 堂免一成：化学と工業，52（1999）
4) NEDO：植物の物質生産プロセス制御基盤技術開発事業原簿（2005）

5) Hayashi et al.：Plant J., 16：155～161 (1998)
6) Taylor et al.：Trends Biotechnol., 26：413～424 (2008)
7) 日本バイオプラスチック協会：http://www.jbpaweb.net/
8) 京都府立大学：http://www.kpu.ac.jp/contents_detail.php?co=tpc&frmId=2171
9) 京都新聞：http://www.kyoto-np.co.jp/environment/article/20110427000150

第7章
環境モニタリング

7.1 計測対象となる環境負荷物質

　必ずしも有害ではなのですが、環境中に多く存在すると人の健康や活動に悪い影響を及ぼす物質があります。このような物質は環境負荷物質（Environmental Load Substance）と呼ばれています。環境科学という学問においては、環境負荷物質が環境問題の原因物質であるという立場に立って、環境負荷物質の排出源は何か、量はどのくらいか、また移動量はどのくらいで移動経路はどうなっているのか、の探究が進められています。

　例えば、ある湖沼の水質に影響を与える環境負荷物質について考えてみましょう。湖沼の近くに家や工場、牧場があったとします。すると、それぞれから排水が何らかの経路をたどって湖沼に流れ込むことが考えられます。湖沼外部が環境負荷物質の源になっているので、外部負荷と呼ばれます。このとき、家や工場や牧場にいる家畜は、広がりを持っていない点であるとみなすことができるので、点源負荷と呼ばれます。

　これに対して、市街地や農地、森林のように広い面積を持つ要素を物質源として考える場合、面としてとらえる方が便利なので、面源負荷と呼ばれます。湖沼内部でも負荷物質は作り出されるでしょう。例えば、湖沼の底に堆積した底泥には様々な化学物質が含まれています。底泥が水流によって巻き上げられ

たりすると、新たに底泥に含まれていた環境負荷物質が湖沼水に溶出することがあります。この他、湖沼水中に生息している様々な生物が負荷物質の源になることもあります。湖沼内部に物質の源があるので、内部負荷と呼ばれます。この他、雨の水が直接湖沼水に流入して物質の組成を変化させることがあります（図7.1）。

　環境負荷物質は、気体、溶液、分散相など、様々な形態で環境中に存在しています。様々な形態のこれらの物質の種類を調べ、量を把握することによって、初めて有効な対策を講ずることができるようになります。それでは、環境負荷物質がどのようにして発生し、どのような形態になって存在するのか、またこれらの物質を分析するためにはどうやって集めたらよいのかを、一緒に考えてみましょう。

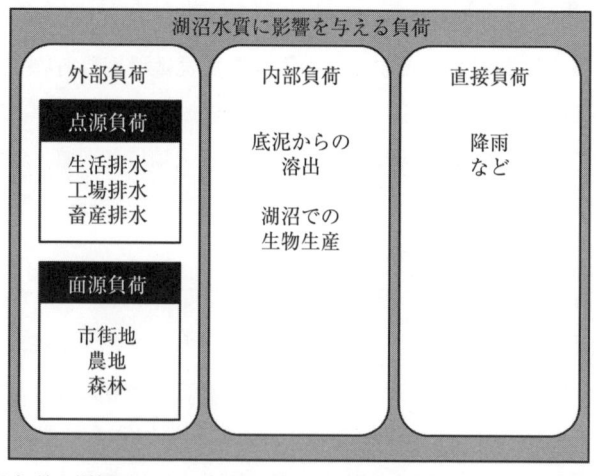

湖沼水質に影響を与える負荷		
外部負荷	**内部負荷**	**直接負荷**
点源負荷 生活排水 工場排水 畜産排水 **面源負荷** 市街地 農地 森林	底泥からの溶出 湖沼での生物生産	降雨 など

図7.1　湖沼水質に影響を与える負荷（国土交通省河川局・都市・地域整備局下水道部、農林水産省農村振興局・林野庁森林整備部、環境省水・大気環境局　平成18年3月）湖沼水質のための流域対策の基本的考え方　～非特定汚染源からの負荷対策～　改変

7.1.1 気体・大気浮遊物質

私たち人間は、呼吸をしなければ生きていけません。そのため、空気が汚染されると私たちの生活に悪い影響が出てしまいます。空気が汚染されることを大気汚染と呼んでいます。汚染の原因物質は、自然現象由来のものと、人間活動由来のものとに分けられます。

以前から、大気汚染の原因となる物質として、二酸化硫黄（SO_2）や窒素酸化物（NOx）、浮遊粒子状物質（SPM）、光化学オキシダントが考えられてきました。現在では、生態系への影響も考慮して様々な物質が研究対象となっています。産業革命以後、様々な動力のエネルギー源となったものが石炭でした。石炭を燃焼させると、ばい煙と硫黄酸化物が放出されます。

産業革命発祥の地、イギリスのロンドンでは、これらが原因となって発生したスモッグにより多くの健康被害が発生することになりました。その後日本でも同様の大気汚染が発生したため、ばい煙の少ない燃料である石油をエネルギー源として用いるよう方針が転換されました。

しかしその結果、硫黄分の多い安価な石油が使用されたため、硫黄酸化物による大気汚染が発生しました。有名な四日市ぜんそくは、硫黄酸化物による大気汚染が原因だったのです。現在では規制が進み、排煙脱硫装置が用いられたため、硫黄酸化物の発生量は著しく低下しています。

自動車の排気ガスの中には、窒素酸化物（NOx）ならびに燃料の未燃成分や不完全燃焼生成物として排出される炭化水素（HC）が含まれています。これらの物質は、太陽の光を浴びて光化学反応を起こし、微粒子やオゾン（O_3）などを生成するため、白く見えるスモッグを発生させることがあります。これがいわゆる光化学スモッグです（図7.2）。

大気中に放出された物質は、小さな粒となって空気中を漂うことがあります。これらはエアロゾル（aerosol）と呼ばれています。エアロゾルは、気体中に液体または固体の微粒子が浮遊したものの総称であり、大気中には粒径

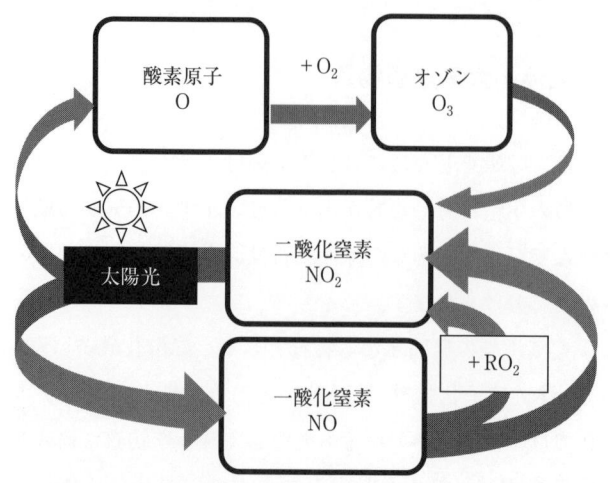

図 7.2 大気中の光化学反応によるオゾン発生の様子。図中の RO_2 は炭化水素を表す

$10^{-4} \sim 10\,\mu m$ 程度のエアロゾルが存在しています[1]。その中には、粒径が $10^{-2}\,\mu m$ 程度、$10^{-1}\,\mu m$ 程度、および $10\,\mu m$ 程度の3種類のサイズのものが多く存在しています[2]。一般にエアロゾルは、ガス状の分子が凝縮してできる煙の粒子と、大きな物体が分裂してできる粉じんとに分けられますが、前者は $1\,\mu m$ より小さく、後者は大きいものが多いことが分かっています。

浮遊粒子状物質には様々な化学物質が含まれているだけでなく、その大きさが環境中での挙動に大きな影響を及ぼしています。したがって、浮遊粒子状物質に対して化学的な分析を行うことはもちろん、粒径分布や表面積などの性質を調べていくことも非常に重要となってきます。それでは、浮遊性の粒子状物質はそのようにして生成するのでしょうか。

前述のとおり、大気中に浮遊している粒子状物質は様々な過程を経て生成します。その中で、発生源から直接大気中へ分散放出され、凝縮によって生成するものが1次発生粒子と呼ばれています。これに対し、大気中に放出されたときには気体で、その後化学反応を経て揮発性がより低い物質に変化した結果、自身で凝縮し、あるいは既存粒子上に拡散付着して相変化を起こしたものは2

次発生粒子と呼ばれています[3]（図7.3）。

空に浮かんでいる雲は、空気中の水分が過飽和状態になった結果、水分が凝結して生成します。このとき、核になる物質が必要となります。大気中の粒子状物質が凝結核となって取り込まれる現象をレインアウトと呼びます。これに対し、雨滴が落下するときに、空気中に存在する物質が取り込まれて滴とともに落ちてくる現象をウォッシュアウトと呼びます。

空気中に浮遊している化学物質を含む雨が酸性を示すことがしばしば報告されています。酸性雨として知られるこの現象は、浮遊性の粒子状物質と深い関わりがあります。粒子状物質は、落ちてくる雨粒と衝突して取り込まれますし、ガス状の物質は水に溶けやすいため、同様に雨粒に取り込まれます。その結果、雨水が酸性を示すようになるのです。酸性雨の原因物質としては主とし

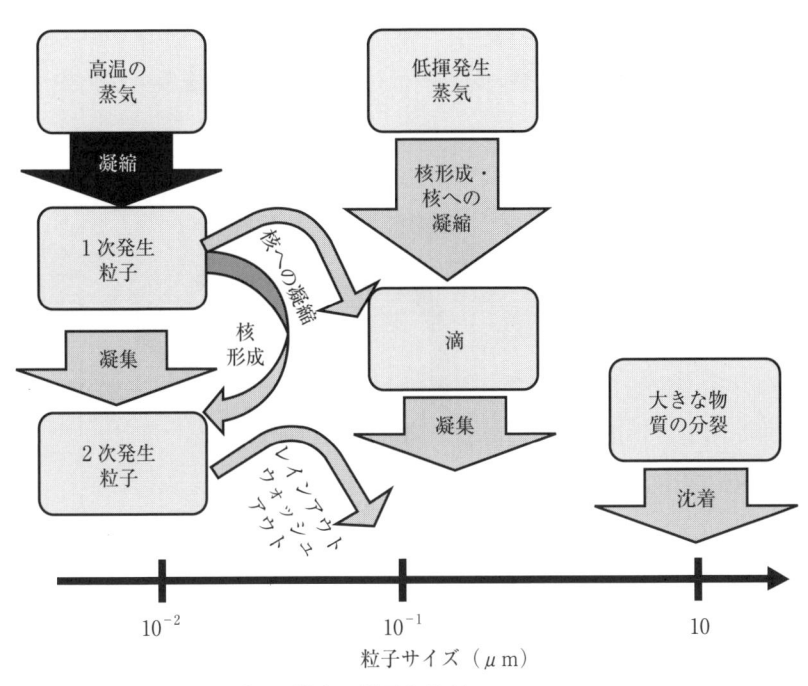

図7.3　エアロゾルの発生の様子と粒径
　　　（化学便覧：応用化学編　第6版、9章「環境」より作成）

て窒素酸化物と硫黄酸化物が挙げられます（図7.4および図7.5）。

一方、日本の大気汚染はどのような状態でしょうか。硫黄酸化物に着目してみると、環境汚染が甚だしかった1970年代に比べ、現在はその濃度が10分の1程度にまで減少しています。しばしば火山の爆発によって一部地域で環境基準を上回ることがあるものの、おおむね基準以下の値にとどまっていると言えます。

窒素酸化物に関しては、大気中の濃度が1970年代から10年間低下し、その後1999年代まで一定の値を示してきました。その後現在に至るまでやや低下する傾向を示していますが、大都市圏がそれ以外の地域と比べて目立って高い値を示しています。このことから、自動車からの排気ガスによる影響がかなり高いことがうかがわれます。

燃料の不完全燃焼により生じる一酸化炭素は、主として自動車の排気ガスが発生源であると考えられています。一酸化炭素は血液中のヘモグロビンと結合しやすく、血中での酸素運搬の障害となるため、人の健康を害する事故へとつ

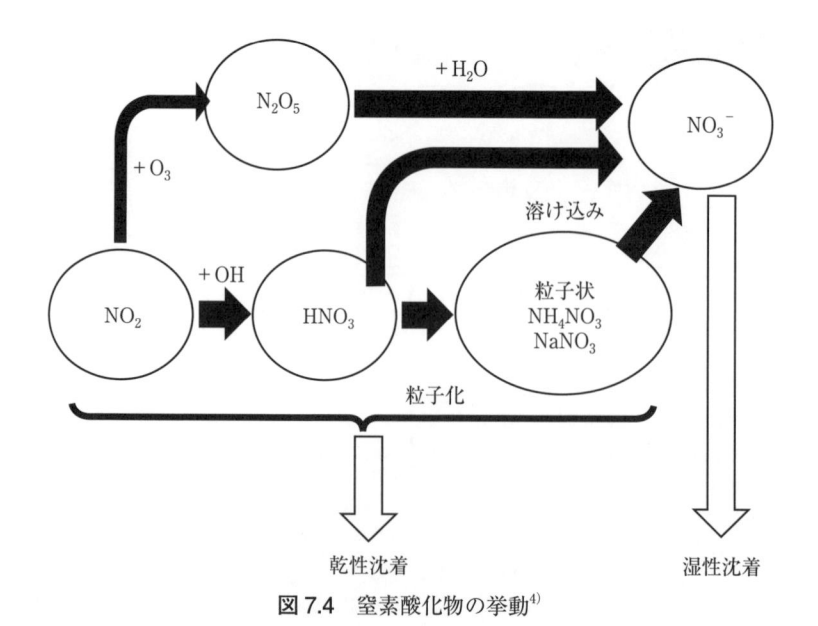

図7.4 窒素酸化物の挙動[4]

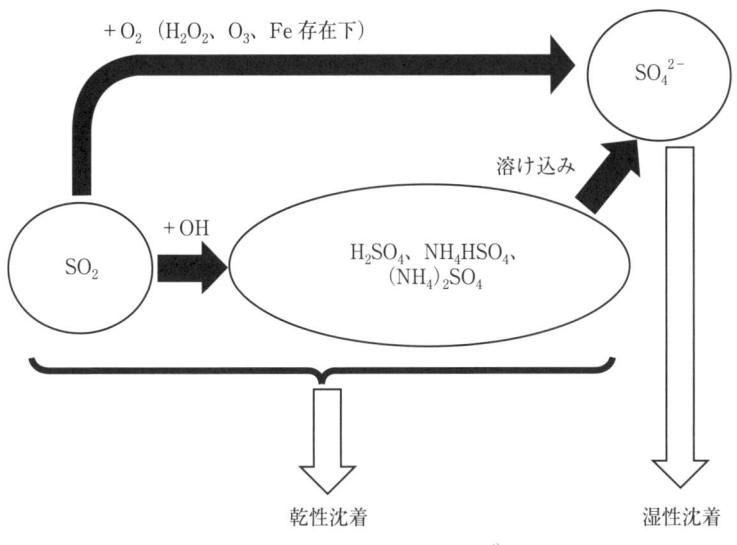

図 7.5 硫黄酸化物の挙動[4]

ながります。1970年に環境基準が設定され、自動車の排気ガス規制が行われた結果、ほとんどの地域で環境基準値を満たしています。

窒素酸化物と炭化水素とが太陽光の照射により光化学反応を起こして生成する酸化力の強い物質を光化学オキシダントと呼んでいます。オゾンがその主成分であると考えられています。光化学オキシダントは人の健康へ影響を及ぼすだけでなく、植物の表面やゴム製品などに悪影響を及ぼすことがあります。

その対策として、光化学オキシダントが空気中に発生しやすい気象条件が確認されたときには、光化学スモッグ注意予報や警報が発令されることになっています。無数の種類の炭化水素が光化学オキシダントの原因となりますが、メタンはそれ以外の成分と比較して著しく反応性が乏しいことから、主として大気中のメタン以外の炭化水素濃度が指標とされています。

光化学スモッグ注意予報の発令数はこのところ多くなっていますが、オゾン生成には炭化水素濃度や炭化水素と窒素酸化物の比、炭化水素組成の変化なども影響していると考えられことから、炭化水素の排出規制の強化も進められています。ただ、地球全体として炭化水素の放出量は自然起源の方が圧倒的に多

いため、組成と動態の調査が今後とも不可欠になるでしょう。

　日本では、都市部の一般環境や道路近傍などの浮遊粒子状物質汚染の状況は、残念ながら環境基準を下回ることが達成されていません。特に都市部では、$2.5\mu m$ 以下の微小粒子の主要成分となっているディーゼル自動車から排出される黒煙や HC、SOx、NOx から大気中で反応して粒子化した2次生成粒子の割合が高くなっています。東京都、埼玉県、千葉県、神奈川県ではディーゼル車に対する対策が 2002 年から実施されており、その効果が注目されています。

7.1.2　水溶性物質・懸濁物質

　汚濁物質が水域へ流入することにより、水質汚濁が引き起こされます。まず、流入した汚濁物質は、その一部が底泥として蓄積します。この底泥中に含まれる汚濁物質が溶出したり、あるいは巻き上げられたりすることによって、水質は汚濁され悪化することになります。一方、底泥中には栄養価の高い栄養塩が含まれていることがあります。そのため、底泥から栄養塩が水中に供給され、プランクトンが増殖するのに適した環境になります。プランクトンの排泄物や遺骸は、そのまま水質汚濁の原因となっていくのです（図7.6）。

　水質汚濁の現状を見てみましょう。まず、生活排水が流れ込む公共水域は、主として炊事・洗濯など日常生活に伴う排水によって汚染されています。例えば、生活排水中の生物化学的酸素要求量（BOD）の原因の40%は台所からの排水、30%がし尿、20%が風呂、洗濯が10%となっています。人の健康の保護の名目で環境基準が設けられており、無機物質濃度はほとんどの公共水域で基準を下回っているのに対し、有機物質に関しては8割弱にとどまっています。

　地下水はどうでしょうか。井戸水を調査した結果、20世紀末には調査対象の6%弱が基準を超えた項目を示しました。このように、地下水の水質は良好であるため広くされています。この他、湖沼や内海、内湾などの閉鎖性水域で

●●●● 7.1　計測対象となる環境負荷物質

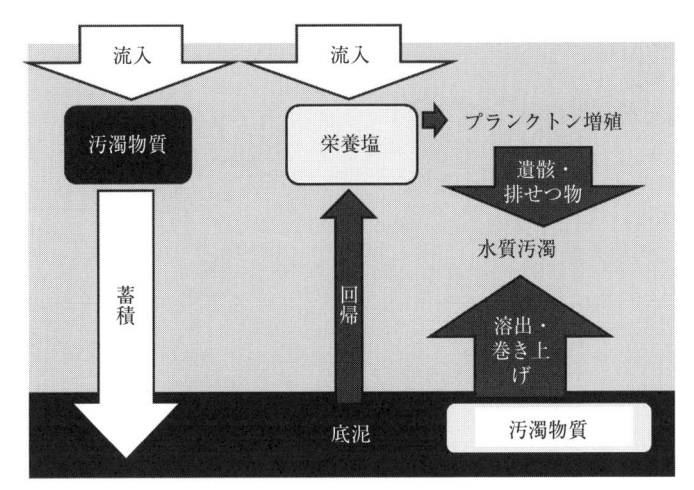

図7.6　水質汚濁が進む様子

は、流入する汚濁負荷が大きいため、汚濁物質が蓄積し汚濁が生じやすいと言えます。その結果、赤潮やアオコの発生が見られることがあります。東京湾や伊勢湾、瀬戸内海や有明海では赤潮の発生がしばしば見られます（図7.7）。

　海洋環境に関しては、内湾域と沖合域とでは大きく異なります。具体的には、重金属類、有機塩素化合物、有機スズ化合物の濃度は内湾域が相対的に大きくなります。さらには、底質に含まれる総水銀、PCB、TBT（トリブチルスズ）およびダイオキシン類の値が、東京湾のような内湾で高い値となっています。海洋汚染の原因の半数は油によるもので、そのほとんどが船舶によるものです。油以外の汚染は故意によるものと考えられています。

7.1.3　環境負荷物質の計測

　環境負荷物質が無機化合物の気体である場合、その色によって分析することが可能です。例えば気体の色によって分析する比色法、もしくは気体が吸収する光の波長を調べる分光光度法（紫外吸光法、赤外吸光法）が用いられます。気体試料を素性の知れた気体もしくは液体（移動相）とともにカラムの中に流

第7章 環境モニタリング

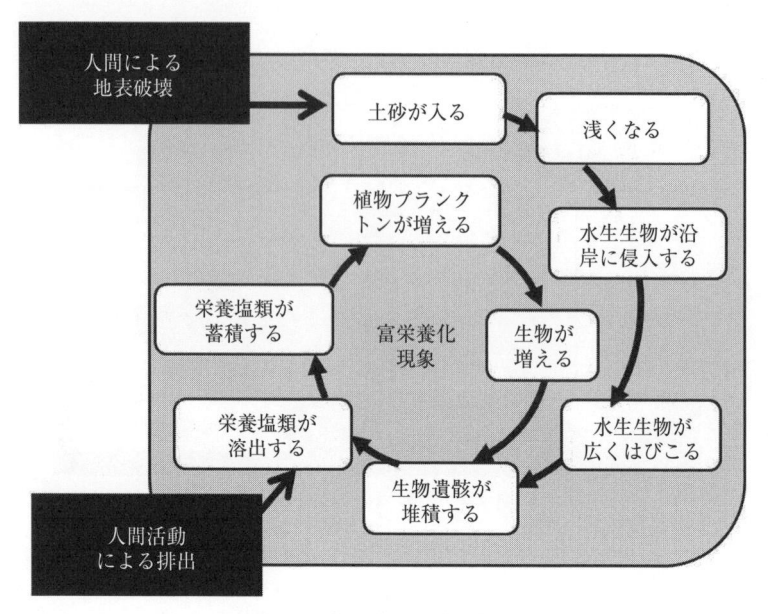

図7.7 富栄養化が進む様子

し、カラム内物質（固定相）への分配の度合いで分け、検出器によって測るガスクロマトグラフィ法や液体クロマトグラフィ法もよく用いられます。検出器として質量分析器を利用したガスクロマトグラフ質量分析法（GC-MS: Gas Chromatograph-Mass Spectrometer 法）が特に優れた方法です。

この他、試料気体と別の気体とを反応させて得られる励起状態の分子が発する光を光電子増倍管によって検出し、定量分析する化学発光法も用いられています。近年では、生物あるいは生体物質が示す分子認識能を利用した分析法も報告されるようになりました。

気体中、溶液中、あるいは懸濁液中の試料を採取し、分子認識能を持つ装置で分析するためには、まず試料を採取する必要があります。例えば、気体混合物を適当な吸収液と直接接触させると、ある特定の気体成分だけを溶解・吸収させて分離することが可能です。この操作を吸収と呼びます。二酸化硫黄（SO_2）を含む空気と吸収液を接触させて圧力をかけると、二酸化硫黄の分圧が大きくなり、吸収液に溶解するSO_2濃度が大きくなります（図7.8の「平

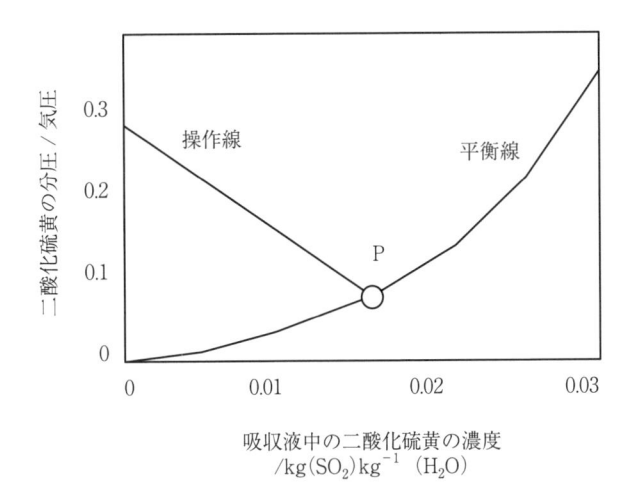

図 7.8 気体状態の二酸化硫黄を溶液に取り込む際の分圧と濃度との関係[5]

衡線」）。

一方、吸収液に SO_2 が溶ければ溶けるほど、混合空気中の SO_2 は減っていくので、その分圧が小さくなっていきます（図 7.8 の「操作線」）。2 つの線の交点 P は、平衡に達したときの SO_2 の分圧と吸収液中濃度を表しています（図 7.8）。

このようにして、混合空気中の SO_2 が P で示される濃度で吸収液中に吸着されることが分かります。

一方、溶液中に存在する特定の溶質を、液体の溶剤を用いて分離することができます。この操作を抽出と呼びます。例えばフェノールがベンゼンに溶けている溶液に対して水を加えよく振とうすると、ベンゼンと水は分離してしまいますが、一部のフェノールは水側に移ってきます。水とベンゼンとに分配されるフェノールの組成の比を分配係数と呼びます。この分配係数を用いると、水中に存在するフェノールの濃度が分かります。このような抽出操作によって、目的の物質を水溶液中に取り込んで分析することが可能になります。

大気中に浮遊している粒子を集める方法としては、集じんと呼ばれる操作が知られています。集じん装置として様々なものが考案されていますが、電極間

に放電を起こさせて粒子を集める電気的集じん装置が効率のよいものとして用いられています。数十 kJC^{-1} 程度の大きさの直流高圧電流を用いて放電極–集じん極間にコロナ放電をさせます。すると、放電極の近くの粒子が負イオンを取り込んで帯電粒子となり、正に帯電している集じん極に捕捉されます。捕捉された粒子の塊を剥がすことで粒子を入手することが可能になります（図7.9）。

また、液中に存在する粒子を集める方法としては、懸濁液を清澄液と濃厚スラリーとに分ける沈降分離（沈降濃縮）という操作、あるいは、堆積した固体粒子層の、粒子と粒子との間を満たしている液体の一部または大部分を除去することに関わるろ過・脱水という操作が行われます。特に、粒子が微小であったり、サンプルに含まれる物質の密度の差が小さいような場合には、重力による沈降速度が極めて小さくなるので、時間がかかってしまいます。そのため、遠心分離（遠心沈降分離）が行われます。

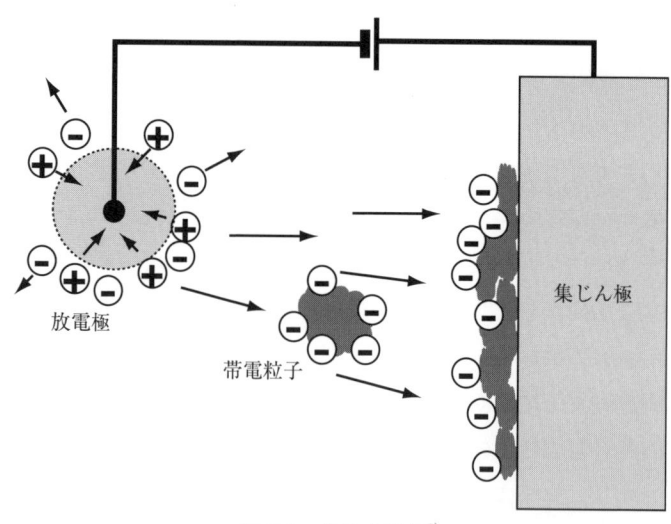

図 7.9 集じん装置[5]

7.2 測定対象物質のシグナル変換

環境負荷物質の化学的な組成を調べたり、また構成物質の濃度を調べたりすることは、発生源を知り対策を考える上で不可欠です。様々な場所で採取したサンプルに含まれる環境負荷物質を実験室に持ち帰り、定性・定量分析を行うといった手法がよく取られています。しかし、遠く離れた場所で採取した場合、移動中に変質してしまうおそれがあります。試料を採取した現場で直ちに分析ができればよいのですが、現場には必ずしも測定のための環境が整っているとは限りません。測定フィールドで迅速かつ簡便に、大規模な設備を必要とせずに測定可能な方法はないのでしょうか。

これまで、生物もしくは生体物質の力を利用して、環境負荷物質を簡便に分析する方法が考案されてきました。バイオセンシングと呼ばれるこの方法を考えてみましょう。

7.2.1 酵素を用いる方法

生物の体を作っている物質の中で最も重要なものの一つがタンパク質です。タンパク質の中には、特定の化学反応の速度を大きくさせる働きを持つ酵素と呼ばれるグループがあります。生物は酵素を体内に合成して生命活動に必要な化学反応を起こしています。合成される酵素は生物によって様々ですが、遺伝子工学の手法によって現在では必要な酵素を大腸菌などの微生物に大量に作らせることが可能です。現在酵素は試薬として容易に入手でき、医薬品や食品、洗剤などに活用されています。

環境負荷物質の中には、前述のとおり窒素酸化物や硫黄酸化物が含まれます。これらの化学物質を認識して酸化あるいは還元反応を触媒する酵素が存在します。例えば亜硝酸還元菌と呼ばれる微生物は、亜硝酸還元酵素を持ってお

第7章　環境モニタリング

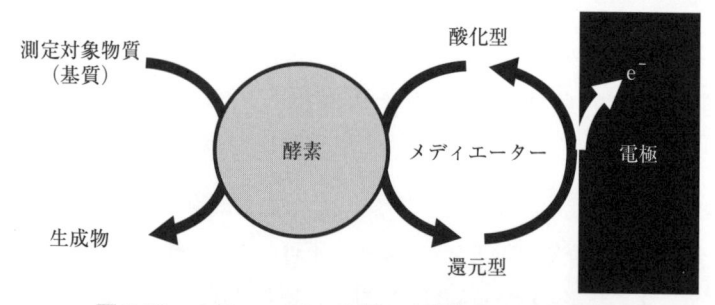

図7.10 メディエーターを用いる酵素センサーの原理

り、亜硝酸イオンが還元される反応を触媒します。このとき酵素の中に含まれる銅イオンが化学反応を起こすため、銅イオンの酸化状態を電極で調べることにより亜硝酸イオンの存在が分かるのです。電極表面における酵素の固定化方法を工夫することにより、低濃度の亜硝酸イオン由来の電気信号をとらえることが可能になります。また、酵素と電極との間で電子のやり取りを媒介する物質（メディエーター）を用いることにより、さらに電気信号を効率よくとらえることが可能になります。現在2000を超える種類の酵素が試薬として市販されており、目的に応じた酵素電極を設計することが可能です（図7.10）。

7.2.2　抗体を用いる方法

　酵素によって認識され、化学反応を起こす物質は、原理的に酵素電極を用いて検出が可能です。しかし、残留農薬など、酵素によって化学反応が触媒されない環境負荷物質をどのように検出したらよいでしょうか。
　タンパク質の中には、特定の物質と選択的に結合するものがあります。例えばプロテインAと呼ばれるタンパク質は、イムノグロブリンと呼ばれるタンパク質と選択的に吸着することが知られています。一般に生物は、自分の体を守るために、外部から侵入した物質を認識する機構を持っています。免疫と呼ばれるこの機構では、抗体と呼ばれるタンパク質が体内で作られます。
　抗体は、体外からやってきた物質（抗原）を認識し、結合します。抗原とな

る物質を注射された生物は、体内にその抗体となる物質を作り出します。この仕組みを利用すれば、目的の物質と選択的に吸着する抗体を作ることができます。したがって、残留農薬を抗原として認識する抗体を作ることはもちろん可能です。

　残留農薬などの抗原と抗体が相互作用し結合したことを、どのようにして検出したらよいでしょうか。金属薄膜などの表面にあらかじめ抗体を固定化しておけば、抗原が吸着した分表面の重量が増加するはずです。この重量変化は非常に僅かなものですが、水晶振動子と呼ばれる素子を用いることで検出することができます（図7.11）。水晶振動子はある周波数で振動しています。表面に抗体を固定化している状態で、ある周波数で振動していたとすると、この抗体に抗原が吸着した後には周波数が変化します。この原理はSauerbreyの式と呼ばれる式によって表現されます。この式によれば、表面の重量変化が大きいほど周波数変化が大きくなります。

　したがって、同じ物質量の抗原が吸着した場合、分子量が小さいものは周波数変化が小さくなります。一般に農薬成分は低分子のものが多く、高感度の測定を行う場合には、工夫が必要となります。例えば、農薬成分である分子Aを高感度測定する場合には、タンパク質などの高分子に分子Aを結合させた

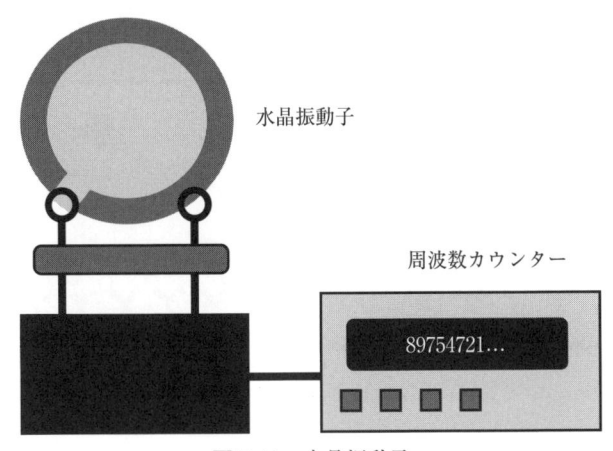

図7.11　水晶振動子

もの（標識物）を用います。測定時には、一定濃度の標識物を測定試料を混合して用いるのです。

仮に、測定試料中に農薬成分分子Aが全く存在しなければ（ケース1）、標識物中のAの部分が表面の抗体に結合するでしょう。このとき、結合した標識物の分だけ表面重量が増加するため、周波数は大きく変化します。測定試料中に分子Aが例えば100分子含まれていたとしたら（ケース2）どうなるでしょうか。100個の分子Aが標識物と競い合い（競合し）抗体に結合します。このとき抗体に結合するものは分子Aと標識物の2種類になります。標識物は分子Aに比べてはるかに重いので、ケース1のときと比べて周波数は大きく変化します。このときの周波数変化は、100分子の分子Aが表面に吸着する前後の周波数変化と比べてはるかに大きくなります。このような工夫（競合法と呼ばれています）によって、高感度な測定が可能になります（**図7.12**）。

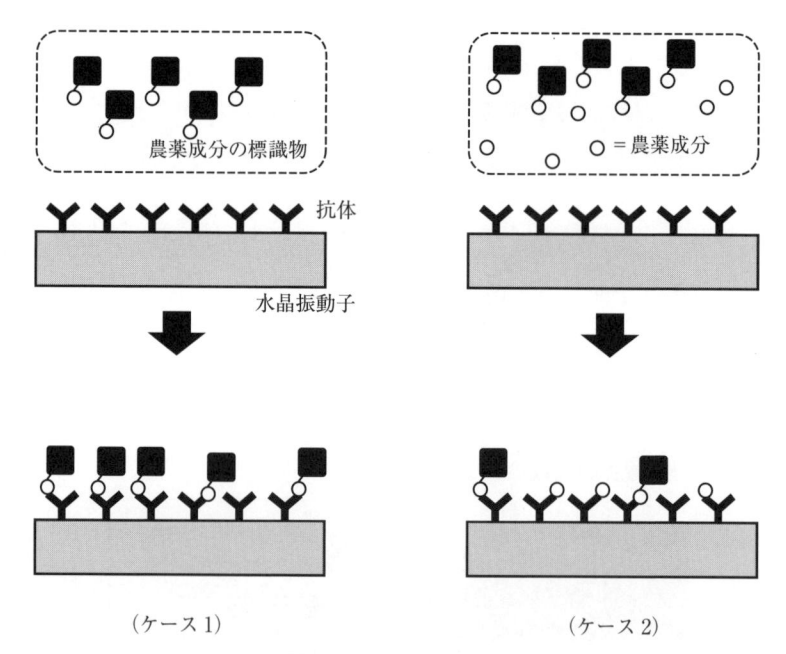

図7.12　競合法の原理

7.2.3 微生物を用いる方法

　酵母や細菌の多くは、有機塩類を栄養源として生きています。有機物質の濃度が高い溶液を供給すると、呼吸活性が高くなり、酵母や細菌といった微生物の周囲の溶存酸素濃度が小さくなります。同様に、微生物の呼吸を阻害するような環境負荷物質が存在すると、微生物の周囲の溶存酸素濃度が大きくなります。このことから、これら微生物の周囲の溶存酸素濃度を測定することによって、液体中に有機物質濃度を間接的に評価することができるのです。

　微生物の大きさは数 μm 程度であるため、様々な種類のフィルターを通過することができません。そこで、微生物をフィルターでサンドイッチ状態に挟むと、溶液を十分に透過させる一方で微生物自体は流されない（固定化されている）状態に保つことが可能です。このようにして固定化された微生物集団を、酸素電極と呼ばれる電気化学デバイスの先端に貼り付けておき、有機物質を含む溶液に浸漬すれば、有機物質や環境負荷物質濃度に応じて酸素電極の応答が変化します。この変化量から物質の濃度を定量することができるのです（図7.13）。

　微生物センサーには別のメリットもあります。微生物は栄養分を与えれば増殖して必要な量を手に入れることが可能です。それに対し、酵素や抗体は試薬としては高価であり、また安定性に乏しいという欠点があります。その点微生物を認識素子として用いれば、センサーを安価に作ることができるのです。微生物は生きているために、その物質変換効率は微生物の活性に依存しますので、同じ濃度の有機物質に対するセンサーの応答がどうしても変化してしまいます。したがって測定時に校正を行う必要があります。反面、微生物は生きているがゆえに、劣化してしまった酵素を更新して活性を維持するのです。こうしてセンサーの寿命が維持されることがあります。

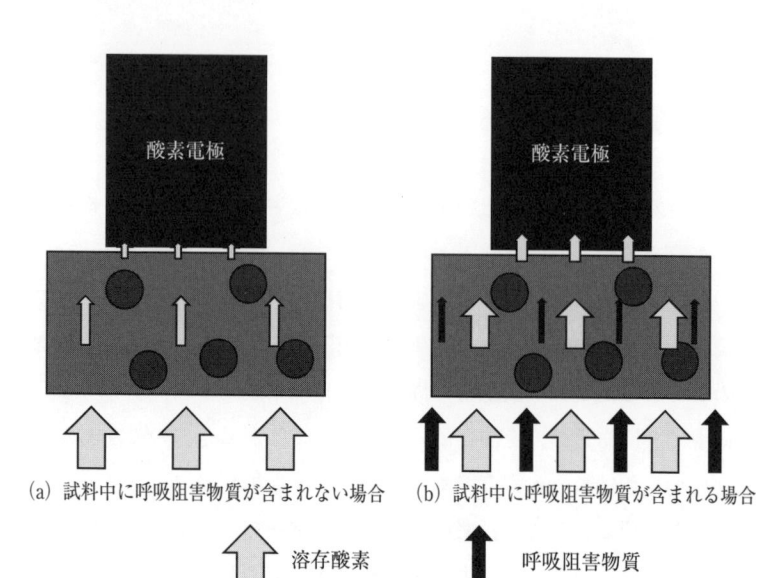

(a) 試料中に呼吸阻害物質が含まれない場合　　(b) 試料中に呼吸阻害物質が含まれる場合

溶存酸素　　呼吸阻害物質

図7.13　微生物を用いる環境負荷物質測定原理

7.3　環境計測用センサー

7.3.1　農薬・殺虫剤センサー　～酵素を用いる方法～

　害虫などを駆除することを目的とし農薬や殺虫剤が使用されることがあります。私たちが個人的に購入して使用できるものは、比較的ヒトへの害は弱いのですが、産業で使用されるものの中には効果が強く、ヒトへ害を与えるものもあります。これらの農薬や殺虫剤を私たちが口に入れることは極めてまれですが、例えば、畑などに散布された農薬や殺虫剤が雨により河川に流入し、これが私たちの体に入る危険性はあります。このため、環境中の農薬や殺虫剤を簡便に計測することは重要な技術です。

一口に農薬や殺虫剤と言っても、その成分は多岐にわたり、国によって使用が許可されている成分は異なります。そして成分が異なれば、生物へ作用方法も異なります。ここでは、農薬や殺虫剤として有名な有機リン系、カーバメイト系殺虫剤の検出方法について紹介します。このために、まず、これらの農薬や殺虫剤が作用する仕組みについて簡単に見てみましょう。

図7.14は神経伝達機構の簡単な模式図です。神経は神経細胞が多数集まり、複雑なネットワークを作ることで成り立っています。神経の伝達は、ある神経細胞から次の神経細胞へ信号が伝達されることで起こります。神経細胞間で信号の伝達が行われる個所をシナプスと言い、シナプスでは神経細胞間は非常に接近しています。シナプスでは神経細胞間で様々な物質がやり取りされてい

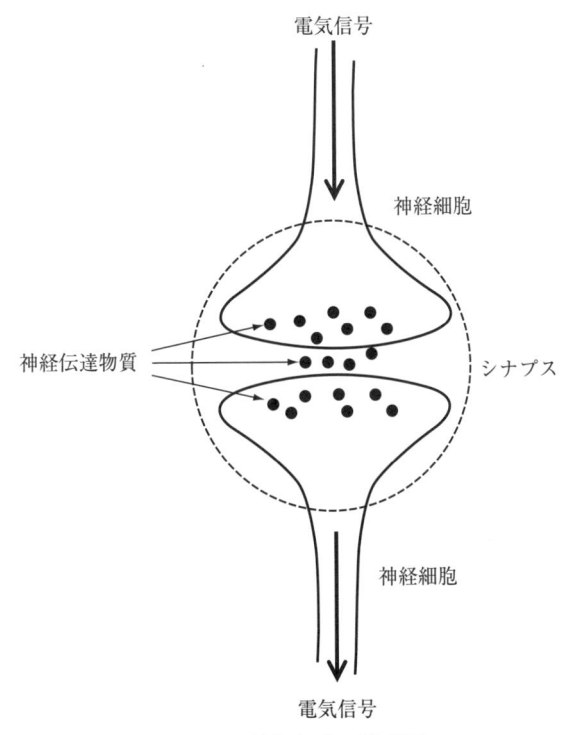

図7.14　神経伝達の模式図

て、これらを神経伝達物質と呼びます。神経伝達物質が神経細胞同士で伝達され、この結果、筋肉が緊張したり、また気持ちが興奮したりします。

　神経伝達物質の一つにアセチルコリンがあります。アセチルコリンがある神経細胞から他の神経細胞に運ばれると、神経の刺激が伝達され、その結果、筋肉が収縮したり、興奮を抑えたりします。このため、アセチルコリンは生物が生きていくためには重要な物質です。しかし、運ばれたアセチルコリンが神経細胞内にたまってしまうと、その神経は常に刺激され続けてしまい、正常ではなくなります。このため、必要のなくなったアセチルコリンは速やかに分解されなければなりません。このとき、アセチルコリンの分解を行っているのがアセチルコリンエステラーゼという酵素です。

　有機リン・カーバメイト系殺虫剤を検出する方法は、これらの殺虫剤がアセチルコリンエステラーゼの作用を阻害する働きを利用します。すなわち図7.15に示すように、アセチルコリンエステラーゼとアセチルコリンを混合しコリンと酢酸が生成される状態にします。そこに測定試料を添加します。このとき、試料中に有機リンやカーバメイト系の農薬が含まれていると、アセチルコリンエステラーゼの働きが阻害され、コリンと酢酸の生成が止まります。

　したがって、コリンまたは酢酸を検出できる方法とアセチルコリンエステ

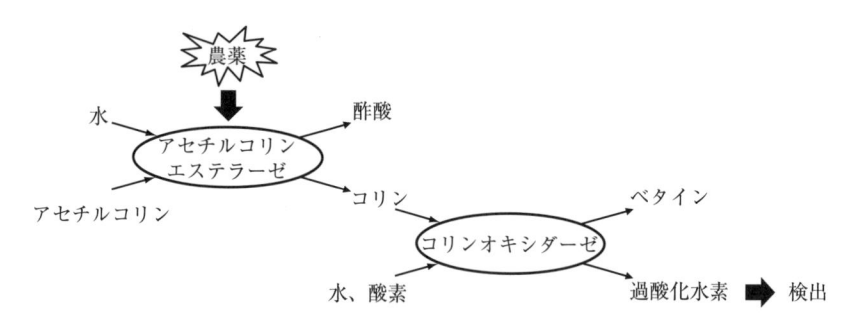

図7.15　有機リン・カーバメイト系農薬の検出

ラーゼを組み合わせることで有機リン・カーバメイト系殺虫剤を検出することができます。コリンや酢酸を検出する方法は様々ありますが、例えば、コリンオキシダーゼを用いる方法があります。コリンオキシダーゼはコリンを酸化しベタインと過酸化水素を生成しますので、生成した過酸化水素を電極などで検出すると有機リン・カーバメイト系殺虫剤を検出することができます。

　農薬の種類によって、例えば殺虫力が強いものほどアセチルコリンエステラーゼの阻害能力が大きいなど、アセチルコリンエステラーゼの阻害の強さが異なります。その点から考えると、この方法は、農薬が生体へ作用する仕組みを巧みに利用した方法と言えます。一方で本方法は、試料に有機リン系やカーバメイト系の農薬が含まれていることを検出することはできますが、さらに詳しく、どのような種類の農薬が含まれていたのかを特定することはできません。しかし、成分はともかく、試料が農薬に汚染されているかどうかを簡単に調べる方法としては、大変優れた方法と言えるでしょう。

7.3.2　病原性微生物の検出　～抗体を用いる方法～

　微生物は水中や大気中、土壌中などのあらゆる環境中に存在しています。そして、それらの微生物はその環境中で重要な役割を担っており、全ての微生物が私たち人間や動物にとって有害なわけでは決してありません。一方で、私たちの体に入ると病気の原因となる微生物が存在します。

　例えば空気感染をする結核の原因となる結核菌や、ウイルスを微生物に含めれば、インフルエンザウイルスなどが病原性を有する微生物として挙げられます。また、食物を感染源とする場合、O157に代表される腸管出血性大腸菌、カンピロバクター、サルモネラ菌など多数あります。食物を感染源とする場合、食物に付着している微生物をこまめに検査することで感染を防ぐことができますが、付着している微生物の数は一般的には少ないことと、検査対象以外の微生物が付着していることが多いため、検査することは容易ではありません。

第7章　環境モニタリング

　微生物の検査として最も一般的な方法は、付着した微生物を培養し微生物の数を増やしてから調べる方法です。しかしこの方法だと培養に数日間を必要とします。また、食品中には様々な種類の微生物が存在するため、その中から検査対象とする微生物だけを選択的に培養することは多大な労力がかかります。そこで、近年では抗体を利用する検査方法が開発されています。

　抗体は、私たち人間の体にも存在するタンパク質で物質を認識する能力に大変優れています。すなわち抗体は、多種類の物質の中から選択的に目的とする物質（抗原）と結合することができます。このため、検査対象とする微生物に対する抗体を利用すると、多種類の微生物の中から検査対象とする微生物と抗体が結合するため、微生物を選択的に培養する手間を省くことができます。また、近年では高感度に抗体と抗原の結合を検出できる装置が開発されているため、微生物を培養し増やす必要もなくなるため、測定時間を短くすることも可能です。

　図7.16は表面プラズモン共鳴センサー（SPR）を用いた微生物の検出の概略です。SPRセンサーは光を利用して抗原と抗体の結合を高感度に検出できる装置です。具体的には、測定したい病原性微生物に対する抗体をSPRセンサーのセンサー面となる金薄膜に固定化します。抗体を金薄膜に固定化する方

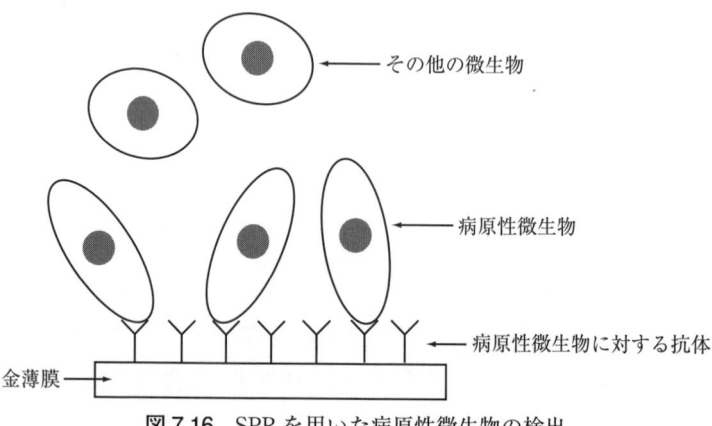

図7.16　SPRを用いた病原性微生物の検出

法は様々ありますが、金とSH基が結合することや、抗体がNH$_2$基を持つことを利用した方法が主流です。

このように、抗体を金薄膜に固定化し、測定対象の食品から得られた液体を金薄膜上に流すと、目的とする病原性微生物が抗体と結合します。しかし、目的としていない微生物とは結合しません。微生物と抗体の結合は光によって検出することができるため、この方法だと微生物を増やすための培養や微生物を選択的に増やす手間を一度に省くことができます。

7.3.3　BODセンサー　～微生物を用いる方法～

BODとはBiochemical Oxygen Demand（生物化学的酸素要求量）の略で、河川や工場排水の有機物質による汚れを表す指標の一つです。汚れの原因となる有機物質には様々ありますが、例えば人間の食べ残しや尿などの生活排水の河川への流入が例として挙げられるでしょう。すなわち、汚れている水ほど有機物質を多く含み、川の上流などのきれいな水ほど有機物質を含まなくなります。したがって、試料水中の有機物質濃度を調べると、試料水の汚れを調べることができます。

従来のBOD測定の方法は、測定したい河川水や工場排水などの試料水を密栓して20℃で5日間置きます。すると、試料水内にもともと存在する微生物により有機物質が分解されます。私たち人間が生活をするときに呼吸により酸素を消費するのと同様に、微生物が有機物質を分解し生きていくためには、微生物は酸素を消費します。このため、試料を密栓した0日目と5日目では、試料内の微生物が有機物質を分解するため酸素濃度が減少します。この場合、試料内の有機物質濃度が高いほど、すなわち試料水が汚れているほど酸素濃度の減少量が大きくなります。

表7.1は、BODの値と河川の水質の指標です。近年の日本の河川はきれいになりBODが3 ppm以下の河川が多くなりましたが、現在でも、BODが高い汚れた河川もあります。また、工場から環境に流してもよい廃水のBODの

表7.1 BODの値と水質

類型	AA	A	B	C	D	E
BOD(mg/L)	1以下	2以下	3以下	5以下	8以下	10以下
適応性	山奥の清流	ヤマメ、イワナなどが生息できる限度	サケ、アユなどが生息できる限度	コイ、フナなどが生息できる限度	水田、灌漑用に使用できる限度	異臭を発しない限度

基準値が自治体などにより決められています。このため、河川や工場の廃水のBODを測定することは環境を守るためにも重要です。

しかし従来のBODの測定方法では、測定に5日間を必要とすることが問題でした。また、正確にBODを測定することは難しく、熟練した技術も必要とします。そこで、BODを短時間で簡単に測定するためのBODセンサーが開発されました。BODセンサーは図7.17のように構成されています。有機物質を分解するための微生物が膜の中に固定化されています。また、微生物を固定化した膜は酸素を測定するための酸素電極に取り付けられています。

このBODセンサーを試料水に浸すと、試料水は微生物を固定化した膜を通して酸素電極に接します。このとき、固定化された微生物は試料水中の有機物質を分解し酸素を消費します。したがった、BODの高い汚れた水を測定した場合、微生物による酸素の消費が大きくなります。一方、BODの低いきれい

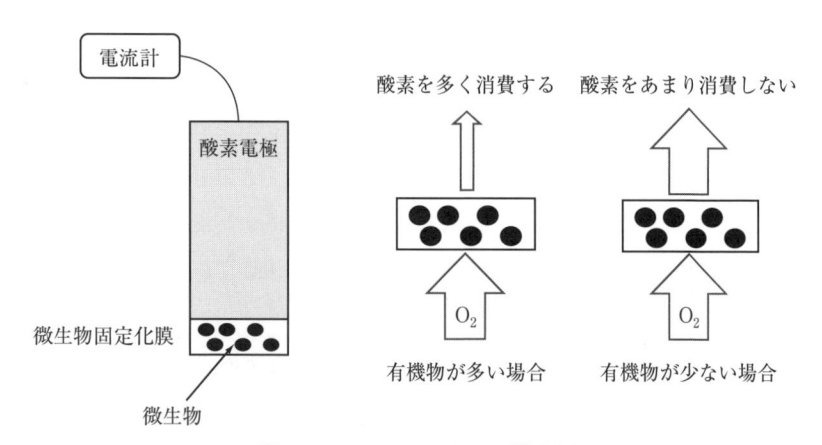

図7.17 BODセンサーの模式図

な水を測定した場合は、酸素の消費が少なくなります。この BOD センサーを用いると、試料を約 20 分程度で測定することができます。また、操作も簡単で誰でも BOD を簡単に測定できるようになりました。

　以上、様々なセンサーによる環境負荷物質の測定例を紹介しました。ダイナミックに変化する環境の様子を評価し、対策を講じるためには、物質の分析が不可欠です。生体物質を用いるセンサーは今後ますます環境計測に力を発揮することでしょう。

参考文献

1) Junge, C. E.：Air Chemistry and Radioactivit, AcademicPress（1963）
2) Whitby, K. T.：The physical caracteristics of sulfur aerosols. Atm. Env., 12：135-159（1978）
3) 大喜多敏一：「大気保全学」、産業図書（1982）
4) 村野健太郎：「酸性雨と酸性霧」、裳華房（1993）
5) 藤田重文編：「化学工学演習」、東京化学同人（1979）

第8章
循環型社会とゼロエミッション

8.1 循環型社会とは

　人類はこれまでに、産業化の進展による公害、資源枯渇、大規模自然災害、大規模事故などの環境に対する課題に直面してきました。その中で、特に公害や資源枯渇に対してはこれまでに多くの法的・技術的施策が推進されてきました。その目標となるところは循環型社会の実現です。循環型社会とは、天然資源の消費を抑制し、環境への負荷をできる限り低減される社会です。我が国において、循環型社会の実現のために、これまでどのような施策がなされてきたのか、概観してみると以下のようになります。

8.1.1　公害の問題

　公害は産業活動の結果であり、その産物もしくは副産物により環境を汚染し、汚染の影響が生態系、特に人間にまで拡大したものです。産業の発展に伴い様々な種類の人工物、副産物が自然にあふれるようになりました。これまで自然には存在しなかった薬品や製品廃棄物が出現したわけです。その中には生物にとって有害なものや、悪臭など生活環境を阻害するものが含まれています。これまで日本各地に発生した公害の典型として7公害が挙げられます。大

気汚染、水質汚濁、土壌汚染、騒音、振動、地盤沈下、悪臭などです。これらの中で特に被害が甚大であったのは次の6公害です。

①足尾鉱毒事件

日本の公害問題は足尾鉱毒事件が原点と言われます。1890年頃から渡良瀬川上流の鉱山で生じる鉱滓（金属を精錬する際に出るもの）が、洪水で流出し、流域の土壌を汚染し、農作物に大きな被害が出ました。

②富山県神通川流域で発生したカドミウム汚染によるイタイイタイ病

1912年頃から発生し、1955年に確認されました。亜鉛製錬後に出るカドミウムを含んだ排水が原因です。骨が軟らかくなって、体のあちこちが骨折し、激しい痛みを伴います。

③熊本県水俣湾のメチル水銀汚染による水俣病

1956年に社会問題化しました。原因は魚介類を経て体内に入ったメチル水銀です。人体の中枢神経や脳細胞を侵し、手足や口にしびれを生じます。被害者2000人を超す日本最大の公害病です。

④三重県四日市市で発生した主に硫黄酸化物による大気汚染が原因の四日市ぜん息

1960年から1972年に発生しました。主原因は石油化学コンビナートの石油を燃焼させたときに出る硫黄酸化物（SO_x）です。ぜん息などの気管や肺の障害を引き起こします。

⑤メチル水銀汚染による新潟県の新潟水俣病

1965年　新潟県阿賀野川流域で発生しました。

⑥カネミ油症事件

1968年、ポリ塩化ビフェニル（PCB）などが食品中に混入し、食した場合は皮膚障害、肝機能障害を引き起こします。死者は300人に達しました。

1960年代にこれらの公害が社会問題化し、法的な施策が取られました。1967年に公害対策基本法（1993年環境基本法の成立により廃止）が制定されました。同法の下に1968年 大気汚染防止法、1970年　水質汚濁防止法などが制定されました。1971年には環境庁が設置されました。法的施策と並行し

て推進された環境バイオテクノロジーに関する研究・技術開発は水質汚濁、大気汚染などの分野において、汚染物質のモニタリング、浄化、再生などの問題解決に大きな力を発揮していると言えます。

また世界的には大規模事故として原子力事故が発生しました。1979年アメリカでスリーマイル島原発事故が起こりました。1986年には旧ソ連でチェルノブイリ原発事故が起こりました。我が国においては1995年　高速増殖炉の「もんじゅ」の事故、1999年　東海村の臨界事故の発生、そして2011年3月11日には福島の原子力災害がありました。いずれの事故、災害に関しても、自然環境に対する放射能汚染の処理が大きな課題として提議されました。それとともにこれら事故や災害によって発生する廃棄物の処理に関しても、新たな課題が提出されました。

8.1.2　資源の問題

産業化の進展は、エネルギー源として石炭、石油、天然ガスなどの化石燃料の使用により支えられ、近年ではこれらに原子力の利用が加わりました。またこれら化石燃料を原材料としてプラスチックなどの人工物、その生産に伴う副産物が出現し、その廃棄法などの課題が出てきました。

化石燃料の大量使用は二酸化炭素の発生を伴い、地球の温暖化を招いているとされます。また原子力の利用は放射性廃棄物を生み出し、その保管には長い年月を要し、倫理的な問題も生じています。さらにスリーマイル、チェルノブイリ、福島の事故や災害はエネルギー源に対する再考を人類に迫っています。

日本の場合、上記公害の経験からの環境汚染に対する法的、技術的整備、オイルショックの経験からのエネルギー資源としての脱石油の動きが推進されてきました。並行して環境に対する新たな世界的な動向として、ドイツなどに端を発する資源の有効活用の運動、地球温暖化の議論などが盛んになり、国内では産業の活発化に伴う廃棄物の処理に対する法的整備、技術検討が進められてきました。

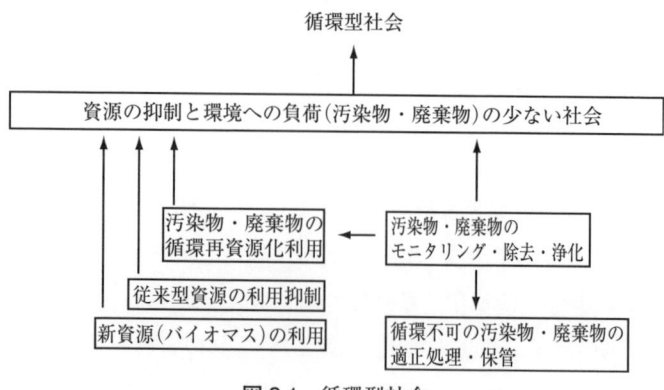

第8章　循環型社会とゼロエミッション

```
                            循環型社会
                               ↑
        ┌──────────────────────────────────────────────┐
        │ 資源の抑制と環境への負荷(汚染物・廃棄物)の少ない社会 │
        └──────────────────────────────────────────────┘
           ↑              ↑                    ↑
    ┌──────────────┐  ┌──────────────┐  ┌──────────────────┐
    │ 汚染物・廃棄物の │  │ 汚染物・廃棄物の │
    │ 循環再資源化利用 │  │ モニタリング・除去・浄化 │
    └──────────────┘  └──────────────┘
    ┌──────────────┐
    │ 従来型資源の利用抑制 │
    └──────────────┘  ┌──────────────────┐
    ┌──────────────┐  │ 循環不可の汚染物・廃棄物の │
    │ 新資源(バイオマス)の利用 │  │ 適正処理・保管 │
    └──────────────┘  └──────────────────┘
```

図 8.1　循環型社会

1993年、新たに環境基本法が制定された。環境基本法の目的とは、条文から引用すると、「環境の保全に関する施策の基本となる事項を定めることにより、環境の保全に関する施策を総合的かつ計画的に推進し、もって現在及び将来の国民の健康で文化的な生活の確保に寄与するとともに人類の福祉に貢献する」ということです。

この環境基本法のもと、2001年、循環型社会形成推進基本法が制定され、その中に循環型社会の定義が述べられました。条文より引用すると、「循環型社会とは、製品等が廃棄物等となることが抑制され、並びに製品等が循環資源となった場合においてはこれについて適正に循環的利用が行われることが促進され、及び循環的な利用が行われない循環資源については適正な処分が確保され、もって天然資源の消費を抑制し、環境への負荷ができる限り低減される社会をいう」とあります。

この法律は環境基本法の基本理念にのっとり、循環型社会の形成について基本的枠組みを定めたものです（図 8.1）。

また資源に関しては、2001年改正法として資源有効利用促進法が制定され、資源の有効利用に関して定めています。条文から引用すると、「この法律は、主要な資源の大部分を輸入に依存している我が国において、近年の国民経済の発展に伴い、資源が大量に使用されていることにより、使用済物品等及び副産

●●●●8.2 バイオテクノロジーを応用したゼロエミッション

物が大量に発生し、その相当部分が廃棄されており、かつ、再生資源及び再生部品の相当部分が利用されずに廃棄されている状況にかんがみ、資源の有効な利用の確保を図るとともに、廃棄物の発生の抑制及び環境の保全に資するため、使用済物品等及び副産物の発生の抑制並びに再生資源及び再生部品の利用の促進に関する所要の措置を講ずることとし、もって国民経済の健全な発展に寄与することを目的とする」とあります。

　これらの法律を受けて、各種リサイクル法（1997 ～ 2002 年に制定）が相次いで制定されました。通称、家畜排せつ物管理法、食品リサイクル法、容器包装リサイクル法、自動車リサイクル法、家電リサイクル法、建設リサイクル法、グリーン購入法などです。これらの中で、特に家畜排せつ物管理法、食品リサイクル法の分野では、発酵など環境バイオテクノロジーの活用が期待されています。またエネルギー資源として地球温暖化対策に寄与するバイオマス（生物有機資源）の新たな利用も期待されています。

　産業革命以前の社会においては、一種の循環型社会が実現されていました。化石燃料、原子力などを使用せず、太陽のエネルギーを利用した植物社会です。温暖化の問題はありません。例えば 200 年前の日本においては、この循環型社会が実現していました。木材を利用して衣食住に使用し、例えば木材を燃やした後の灰は植物の肥料、衣類の染色の材料として貴重なものでした。灰は当時の社会において、製品として流通した循環資源でした。また人糞も肥料として貴重なものであり、これもまた製品として流通していました。衣類など生活に関わるほとんど全ての物が再利用、再資源化され、循環資源の市場として成立していました。環境バイオテクノロジーとしては、発酵の技術が主に利用されていました。

　もちろんこのような社会に戻ることは不可能ですが、この時代にならい、自然環境に対して人工物による負荷を与えず、天然資源の消費を抑制した循環型社会を実現するには、本書の各章で述べた環境バイオテクノロジーの積極的活用が重要と言えます。環境バイオテクノロジーの利用は環境の浄化、再生、資源の有効利用につながり、ひいては循環型社会を実現する近道と言えます。

8.2 バイオテクノロジーを応用したゼロエミッション

　樹木による炭素固定量は森林のタイプや生育場所によって極めて異なっています。例えば、森林の平均的炭素固定量として、6.5トン/ha が示されています。樹木が成長し、約30年間二酸化炭素を固定するとするとこの間に固定される炭素量は約200トン/ha になります。さらに、この木材を建築などのいろいろなものに利用すれば、さらに長い間炭素を地球上に固定しておくことができます。

　現在の森林の面積は約40億 ha で、陸地面積の30％ですが、この内の6％が熱帯雨林です。かつては14％が熱帯雨林であったことから、これの減少は環境上大きな問題です。実際に森林によってどのくらい二酸化炭素が固定化されるのかについては諸説あるようですが、IPCC 第4次評価報告書によると炭素換算で26億トン/年とされています。いずれにしても、森林は二酸化炭素を吸収する吸収源として極めて重要と考えられています。

　もし温帯草原やサバンナを森林化できたらどうでしょうか。そこには国家があり、多くの住民が生活していますので、実現するのは極めて難しいと思いますが。

　そのような環境で生育できる樹木をバイオテクノロジーを応用して育種することが可能ならばという条件が付きます。

　例えばサバンナの10％、温帯草原の20％を森林化したとすると、その面積はそれぞれ1億5,000万 ha、1億8,000万 ha という広大な森林になり、炭素固定量は15億トン/年に計算上はなります。世界の環境問題として考えてみる必要があるのではないでしょうか。

　乾燥地帯では、旱魃などの気候的要因に、過放牧、過耕作、薪炭材採取などの人為的要因が加わって毎年九州と四国を合わせた面積に匹敵する600万 ha の砂漠化が進行しています。現在アフリカのサハラ砂漠は毎年南へ150万 ha、

8.2 バイオテクノロジーを応用したゼロエミッション

北へ10万haずつ拡大して村落や農地、放牧地を次々に飲み込んでいます。1968年から1973年に起こった旱魃では2,500万人が被災したそうです。

アフリカ以外にも、砂漠化が問題になっている国は63カ国にも及び、陸地の1/4の面積36億haがその影響を受けています。アフリカ以外にも砂漠化が問題になっているのはインド西部、米国中西部、ペルー・チリの海岸地帯、オーストラリア中央部、中国などです（図8.2）。こうした砂漠化の進行は新たな気候変動を引き起こし、さらに砂漠化が進行するという悪循環を招いている可能性があります。

一方、砂漠を緑化することができれば、さらに炭素固定量を上げることができます。例えば、アフリカのサハラ砂漠（9億ha、日本の面積の24倍）を緑化して森林にするプロジェクトを考えたらどうでしょうか。

世界の技術と知能と資金を結集して、国際プロジェクトとしてサハラ砂漠を緑化する夢があってよいと思います。

実際に砂漠は乾燥しており、気候も過酷で、塩分も多いと思います。したがって普通の植物を植林しても生育させるのは困難です。しかし、バイオテクノロジーを応用するとそのような厳しい条件下でも成長できる特殊な植物を作ることができるかも知れません。乾燥に強い植物はサボテンの遺伝子を利用することによって、塩類に強い植物は汽水領域（海と河川の合流地など）で成長できるマングローブ（図8.3）の遺伝子を利用することによって作り出すことができるかも知れません。

また、吸水性の高分子を砂漠に敷くことによって水分を保ち、土壌微生物の活動を活発にすることもできるようになるかも知れません。砂漠の緑化が始まれば、自然に気候も温和になり、降水量も増えるかも知れません。

熱帯雨林は水や土を保全し、気候を安定化させ、食料・工業原料を供給するなど環境や経済上の様々な機能を果たしています。しかし、20世紀に入ってからアフリカ、東南アジア、中南米で約60％の熱帯雨林が消失していると言われています。

熱帯雨林の消失は焼き畑農業、農牧地への転用、不適切な伐採などによって

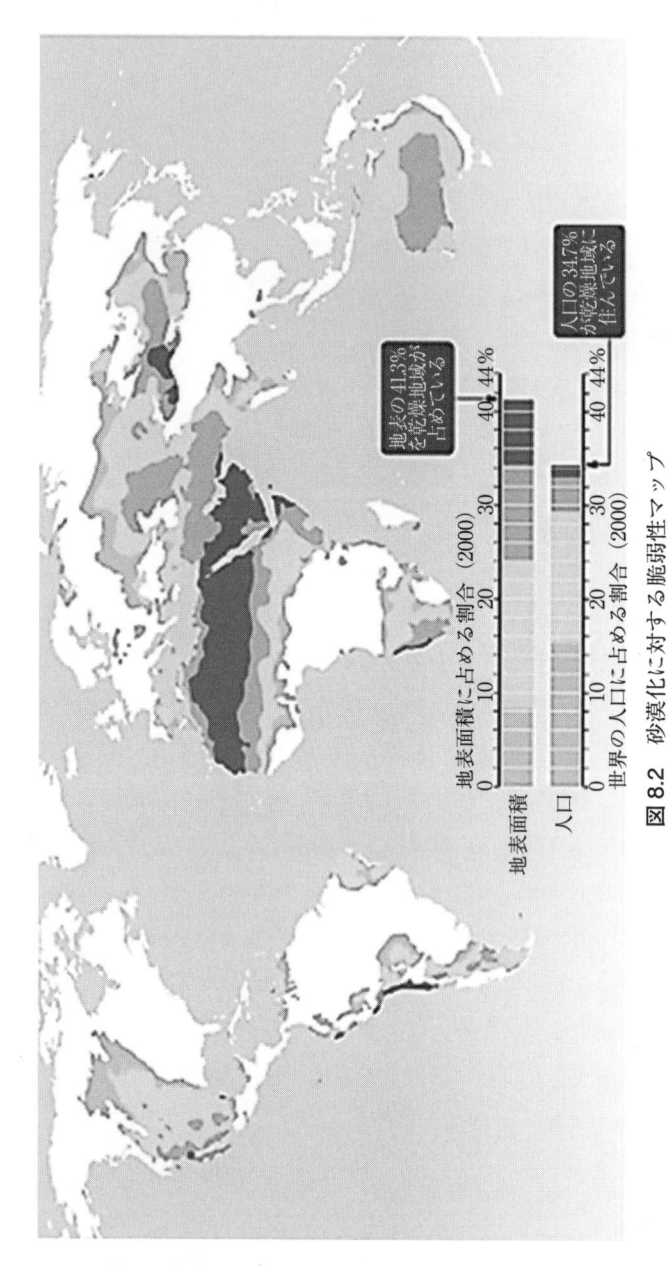

図 8.2 砂漠化に対する脆弱性マップ（原図：国連「ミレニアム生態系評価」）

出典：環境省ホームページ

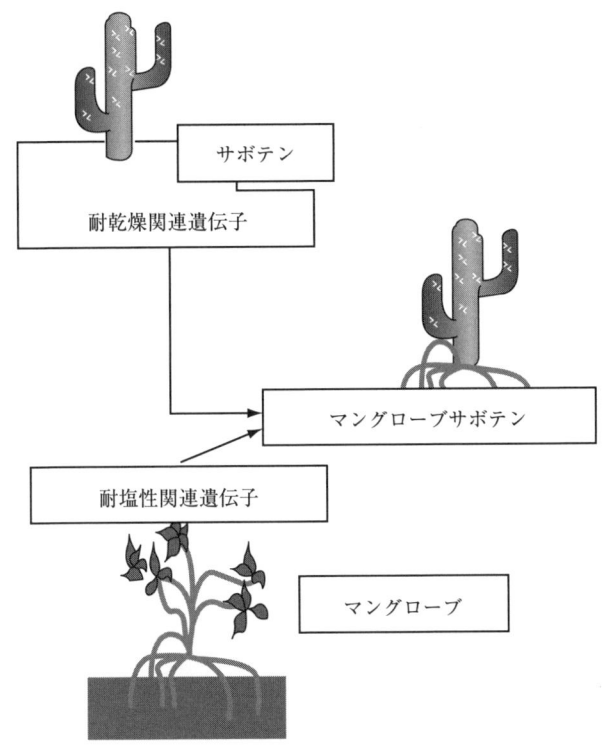

●●●● 8.2 バイオテクノロジーを応用したゼロエミッション

図8.3 砂漠を緑化するキメラ植物

起こります。熱帯雨林の保有国は発展途上にあり、人口の増加が著しいのです。そこで食糧増産のため森林を焼き払って農地や放牧地を確保することになります。また、木材の伐採は1960年代半ばから大規模に行われるようになりました。先進国が熱帯材の開発に乗り出し、現在では世界の木材・パルプ供給量の10％以上が熱帯材で占められているようです。

　熱帯雨林の破壊が地球にもたらす影響の一つは気象の変化です。本来は二酸化炭素を吸収する森林が逆に焼き畑農業や開発によって炭素を排出していることになります。これらはIPCCの第4次評価報告書によると土地の利用変化による排出量として示されています。太陽光を遮る緑がないと地表は昼夜で温度差が大きくなり、一帯の乾燥が進みます。また地表の肥沃な土壌が雨水によっ

て流されてしまい、熱帯雨林の再生は困難になります。そのため、熱帯雨林に生息する動植物の生存を危うくし、生態系への大きな影響を与えることになります。

　世界の国々が協力して熱帯雨林の減少を食い止める必要があります。焼き畑農業を行っている地域にはバイオテクノロジーを駆使した近代農業の技術を提供します。また、熱帯雨林の消失を抑制するには炭素税のようなものを世界中の国々から集めて熱帯雨林保有国を支援する方法も必要と思います。また、熱帯雨林の再生を図るために光合成能と炭素固定能の優れたキメラ植物をバイオテクノロジーを利用して作り出すことも重要になると思います。肥沃な土壌の回復にもバイオテクノロジーが役に立つかも知れません。有用な微生物を含む吸水性ポリマーシートなどを地上に敷くなどの工夫が必要になるかも知れません。

　また、二酸化炭素は海洋に吸収されていると考えられています。海洋には種々の藻類や植物プランクトンが生育しており、これらによって吸収された炭素は最終的には炭酸カルシウムになって、次第に深海中に沈降していき、固定されると考えられています。こうしたメカニズムで全ての二酸化炭素が吸収されているかどうかは分かりませんが、吸収反応の一部には植物プランクトンや藻類が関与していると考えられます。したがって、海洋中のこれらの生物の濃度を増加させれば、さらに吸収量を増やすことが可能です。これらの生物の主なものは太陽エネルギーを利用した光合成によって炭酸固定を行っています。

　これらの生物が生育するためには、硝酸塩やリン酸塩が必要ですが、海洋の表層にはこれらはほとんどありません。したがって、こうした栄養塩の濃度が、植物プランクトンや藻類増殖の律速となっているのです。夏の沿岸海水の富栄養化（肥料などが河川によって運ばれてきて起こる）によって赤潮が大量発生し、養殖魚を死滅させることがよくあります。この現象を逆に利用して、もし海洋を富栄養化させることができれば、植物プランクトンや藻類をさらに増やすことができます。

　海洋表層中の栄養塩を増やすためには、2つの方法が考えられます。第一の

方法は、工業的に生産した栄養塩（窒素肥料、リン肥料）を海洋に散布することです。他の方法は、深海にある栄養塩を何らかの方法で表層に上昇させる方法です。この場合には、海流や海底ダムを利用するというような大規模な海洋土木工事が必要であり、いずれにしても費用とエネルギーを要する点が問題です。

栄養塩の中の窒素化合物については、プランクトンや藻類に空気中の窒素を固定する能力をバイオテクノロジーを利用して導入することにより解決できるかも知れません。バイオテクノロジーによって生物の機能を著しく改良することが可能になりつつあります。

もしこれを利用して光合成機能の極めて高い植物プランクトンや藻類を作り出すことができれば、海洋による二酸化炭素の吸収量を上昇させることができると思います。もちろん、バイオテクノロジーを利用して改良した植物プランクトンや藻類は、十分に安全性を確認したうえで利用しなければなりません。

産業の発展によって、我が国が経済的に潤ってきたのは事実ですが、産業化や経済発展によって二酸化炭素の排出量が増加する問題が起こったことも事実です。このようなことを考えると22世紀に向けて、地球環境にやさしい産業を作るために、生産システムや生産方式を変換していかなければなりません。バイオテクノロジーを利用したプロセスは常温・常圧で極めて特異的に反応が進みますし、副生成物をほとんど生産しないという優れた特徴を持っています。これは多量の化石燃料エネルギーを必要としないということであり、二酸化炭素をあまり排出しないプロセスです。

一方、バイオプロセスは高温・高圧で行う従来の化学工業プロセスに比べると、反応速度が小さいため、生産性が低かったり、収率が悪いという問題があります。しかし、環境問題を考えるとバイオプロセスのように多少効率が悪いプロセスでも採用せざるを得ないかも知れません。もちろん、全ての産業をバイオプロセスに変換することはできません。

さらに、生態の優れた機能を工学的に模倣した人工システムで化学物質を生産することはできると思います。この分野はバイオミメティック・テクノロ

ジー（生態模倣工学）の研究分野です。例えば、限りなく酵素に近い人工酵素が化学工業プロセスに用いられるようになるかも知れません。

このように、22世紀にかけて、地球環境にひずみを起こさない産業が必要になります。生体のメカニズムを応用して生体物質以外の合成高分子化合物や無機化合物を用いて生体触媒と同じような機能を持った人工触媒を合成し、それを用いて、極めて温和な条件で、反応を効率的に進めるプロセスを開発することが可能と思われます。

このようなプロセスは常温から100℃以下で進められるので、地球環境にひずみを起こさないし、生体を模倣したプロセスを利用した産業なので、当然のこととして、生態系との調和も良いことになります。このようなプロセスでは環境に負荷を与える物質を生産することもなく、化石燃料を大量に消費することもないので環境問題が起こることもないと思います。

このようなバイオミメティック産業が振興し、次第に、従来の高温・高圧を主体とする化学工業プロセスに取って代わることになると思います。こうした生体の機能を模倣した生産プロセスが我々の理想であり、まさに地球環境にやさしい産業ということになります。

これらの産業やライフスタイルを実現するためには、相当な基礎研究を必要とします。したがって膨大な研究開発費と世界の知能の結集が必要であり、我が国だけの努力では不可能です。22世紀に向かって地球環境の保全を最優先においた産業形態に全ての産業が移っていく必要があります。

以上述べてきました森林の造成、熱帯雨林の消失の抑制、砂漠の緑化、海洋の利用、バイオミメティック産業の振興などによって二酸化炭素の固定量を上げたり、二酸化炭素をあまり排出しない産業を実現したりできると予想されます。その目標を数値に示してみると以下のとおりになると思います。

IPCCの第4次評価報告書（図8.4）によれば、化石燃料から排出される炭素は64億トン／年です。また、土地の利用変化による排出量が16億トンです。両方を加算しますと80億トン／年の炭素が我々の地球で排出されています。

一方、森林による吸収は26億トンで、海洋における吸収が22億トン／年で

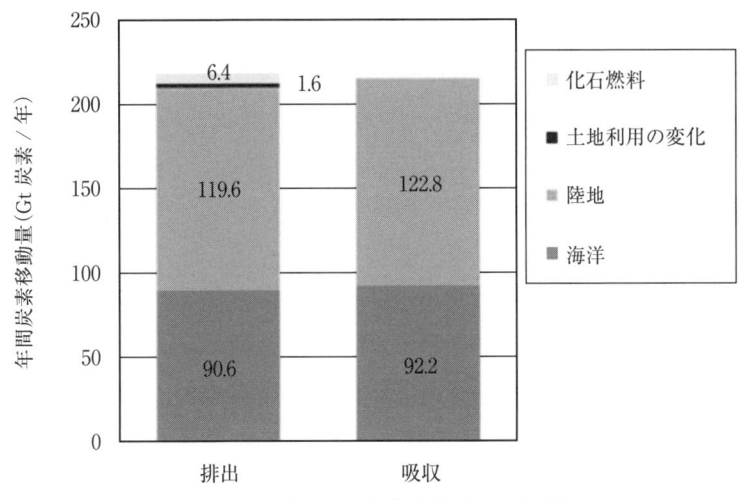

●●●● 8.2 バイオテクノロジーを応用したゼロエミッション

図 8.4 地球上の炭素移動量（1990 年代）
（IPCC 4 次報告書をもとに作成）

す。両方を加算すると 48 億トン / 年になりますので、大気中には 32 億トン / 年が蓄積されることになります。これを既に述べたいくつかの方法で吸収することができればみかけゼロエミッション社会を実現することができるのです。

省エネルギー、自然エネルギーとバイオマスエネルギーの利用とバイオミメティック産業の振興で化石燃料の消費を 2 割削減すると 51 億トン / 年になります。

森林の造成と海洋への吸収を増やして合わせて 60 億トン、土地の利用変化による排出を 9 億トン / 年に抑えれば計算上はゼロエミッションが可能になります。これは単に計算上のことですが、日本がリーダーシップを取ってゼロエミッション世界を実現してほしいと思っています。

参考文献
1) 環境基本法、条文、第一条
2) 循環型社会形成推進基本法、条文、第二条
3) 資源有効利用促進法、条文、第一条

索　引
(五十音順)

あ　行

- アオコ……………………………… 87, 155
- 赤潮………………………………………… 155
- 悪臭………………………………………… 94
- 悪臭防止法………………………………… 96
- アセチルコリン…………………………… 166
- アセチルコリンエステラーゼ…………… 166
- アナモックス……………………………… 76
- アルコール発酵…………………………… 123
- アンモニア………………………………… 97
- 硫黄酸化物（SOx）……………………… 93
- 一酸化炭素………………………… 94, 96, 152
- ウイルス…………………………………… 167
- ウォッシュアウト………………………… 151
- ウラン……………………………………… 111
- エアロゾル………………………………… 149
- 液体クロマトグラフィ法………………… 156
- エタノール………………………………… 122
- 遠心分離…………………………………… 158
- 塩素消毒…………………………………… 66
- オゾン……………………………… 92, 149
- オゾン処理………………………………… 66
- オゾンホール……………………………… 93

か　行

- カーボンニュートラル…………………… 122
- 海藻………………………………………… 142
- 海底貯留…………………………………… 106
- 外部負荷…………………………………… 147
- 海洋………………………………………… 104
- 核分裂生成物……………………………… 111
- 過酸化水素………………………………… 167
- ガスクロマトグラフィ法………………… 156
- ガスクロマトグラフ質量分析法………… 156
- 活性汚泥法………………………………… 68
- カドミウム………………… 43, 48, 49, 54, 56, 57
- カルタヘナ………………………………… 43
- カルボキシル基…………………………… 116
- 環境負荷物質……………………………… 147
- 環境ホルモン……………………………… 32
- 環境モニタリング植物…………………… 59
- カンピロバクター………………………… 167
- 揮発性有機化合物………………………… 26
- 吸収………………………………………… 156
- 急速ろ過…………………………………… 63, 64
- 競合法……………………………………… 162
- グリーンプラスチック…………………… 128
- クロメート………………………………… 46
- 結核菌……………………………………… 167
- 原位置……………………………………… 24
- 原位置バイオレメディエーション……… 24
- 嫌気好気法………………………………… 77
- 嫌気性処理………………………………… 82
- 光化学オキシダント……… 94, 95, 149, 153
- 光化学スモッグ…………………………… 149
- 光化学スモッグ注意予報………………… 153
- 抗原………………………………………… 160
- 光合成……………………………………… 120
- 校正………………………………………… 163
- 酵素………………………………………… 159
- 抗体………………………………………… 160

索　引

古細菌	75
コスト	107
ゴム生産	135
コリン	166
コリンオキシダーゼ	167
コロナ放電	158
コンポスト	19, 20

さ 行

酢酸	166
殺虫剤	164
サルモネラ菌	167
酸性雨	152
酸素電極	170
自己造粒	83
自己糖化型バイオマス作物	144
自浄作用	65, 87
シックハウス症候群	57
シナプス	165
ジメチルエーテル	127
集じん	157
硝化	65, 74
浄化槽	81
上向流嫌気汚泥床	124
植物プランクトン	104
食物連鎖	71, 89
植林	99
神経細胞	165
神経伝達機構	165
水銀	43, 47, 49, 57
水質汚濁	154
水晶振動子	161
生活排水	169
成層	89

成層圏	92
生物化学的酸素要求量	154
生物活性炭処理	66
生物脱臭技術	97
生物膜	79
生分解性	128
石油類	37, 38
セシウム	111
セルロース	136
セレン	43
セレン	44, 45, 115
操作線	157
藻類	101, 139

た 行

耐塩性	137
ダイオキシン類	31, 32, 60, 155
耐乾性	137
大気	91
対流圏	92
耐冷性	137
脱水	158
脱窒	74
炭化水素	149
炭素税	106
地下貯留	106
窒素	104
窒素酸化物	94, 149
中間圏	93
抽出	157
超ウラン元素	111
沈降分離	158
ディーゼル自動車	154
底泥	154

テクネシウム……………………… 113
鉄還元………………………………86
鉄分………………………………… 105
電気的集じん装置………………… 158
点源負荷…………………………… 147
電子供与体………………………… 114
電子受容体………………………… 114
糖化酵素…………………………… 143
動物プランクトン………………… 104
毒性等価係数………………………32
トチュウ…………………………… 135
トリハロメタン……………………66

な 行

内部負荷…………………………… 148
ナイロン…………………………… 133
鉛……………………43，48，49，56，57
におい…………………………94，96
二酸化硫黄……………… 94，95，149
二酸化炭素…………………………93
二酸化窒素……………………94，95
粘土鉱物…………………………… 112
農薬………………………………… 164

は 行

バイオオーグメンテーション… 22，23，25，26，28，30
バイオスティミュレーション… 22，23，25，30，38，39，41，53
バイオスラリー法…………………25
バイオセンシング………………… 159
バイオパイル法……………… 25，39
バイオディーゼル燃料…………… 138
バイオベンディング法……………25

バイオマス………………………… 119
バイオマスプラスチック………… 128
バイオリムーバル………………… 115
バイオレメディエーション…… 17，20，21，22，23，24，25，26，30，38，39，40，42，58，59
廃水処理……………………………68
半減期……………………………… 110
比色法……………………………… 155
ビスフェノールＡ …………………55
微生物……………………………… 163
微生物還元………………………… 114
微生物センサー…………………… 163
微生物燃料電池……………………85
ヒ素………………… 43，45，46，49，55
標識物……………………………… 162
表面プラズモン共鳴センサー…… 168
ファイトレメディエーション… 21，48，48，49，56，113
富栄養化……………………………87
浮遊粒子状物質…………… 94，95，149
プランクトン………………………89
プロテオバクテリア………………70
フロン………………………………93
分光光度法………………………… 155
分配係数…………………………… 157
平衡線……………………………… 157
ベタイン…………………………… 167
ヘミセルロース…………………… 136
放射性物質………………………… 109
放射線……………………………… 109
放射線影響………………………… 110
放射線耐性………………………… 116
ボツリオコッカス……………101，140

索　引

ポリアミド……………………………… 133	リン……………………………………… 104
ポリエチレン…………………………… 131	リン酸基………………………………… 116
ポリカーボネート……………………… 133	レインアウト…………………………… 151
ポリ乳酸………………………………… 128	礫間接触酸化法…………………………86
ポリリン酸………………………………78	ろ過……………………………………… 158
ホルムアルデヒド………………… 57, 58	六価クロム………………… 43, 46, 47

ま　行

メタン醱酵……………………………… 123	
メタン発酵法……………………………82	
メチルメルカプタン……………………97	
メディエーター………………………… 160	
面源負荷………………………………… 147	

や　行

ヤトロファ……………………………… 138	
ユーカリ………………………………… 136	
有機塩素化合物…………………………66	
有機塩素系化合物………………………28	
湧昇流…………………………………… 104	
ヨウ素…………………………………… 110	

ら　行

藍藻類…………………………………… 101	
ランドファーミング法…………… 25, 39	
リグニン………………………………… 136	
緑藻類…………………………………… 101	

欧文・数字

α 線………………………………………… 109	
β 線………………………………………… 109	
γ 線………………………………………… 109	
1次発生粒子…………………………… 150	
2次発生粒子…………………………… 150	
CO_2 固定…………………………………98	
DDT ……………………………… 34, 36, 37	
Fisher-Tropsch 合成反応…………… 125	
NOx ………………………………………94	
O157 …………………………………… 167	
PCB ……………… 29, 34, 35, 36, 49, 54, 155	
PCE …………………………… 23, 28, 29, 30	
PET 樹脂……………………………… 133	
Sauerbrey の式………………………… 161	
TBT …………………………………… 155	
TCDD ……………………………………31	
TCE …………………………… 28, 29, 30, 49, 51	
TEQ ………………………………………32	
VOC ………………………………………26	

| 図解　環境バイオテクノロジー入門 | NDC519 |

2012年3月30日　初版1刷発行

（定価はカバーに表示してあります）

　　Ⓒ編　著　　軽部　征夫
　　　発行者　　井水　治博
　　　発行所　　日刊工業新聞社
　　　　　　　　〒103-8548　東京都中央区日本橋小網町14-1
　　　　電　話　書籍編集部　03（5644）7490
　　　　　　　　販売・管理部　03（5644）7410
　　　　ＦＡＸ　03（5644）7400
　　　　振替口座　00190-2-186076
　　　　ＵＲＬ　　http://pub.nikkan.co.jp/
　　　　e-mail　　info@media.nikkan.co.jp
　　製　作　　（株）日刊工業出版プロダクション
　　印刷・製本　新日本印刷（株）

落丁・乱丁本はお取り替えいたします。　　2012 Printed in Japan
ISBN 978-4-526-06850-8　C3043

本書の無断複写は，著作権法上での例外を除き，禁じられています。